OBRAS DE FRANZ KAFKA

1. CARTA A MEU PAI
2. A METAMORFOSE
3. AMÉRICA
4. CONTOS ESCOLHIDOS
5. A MURALHA DA CHINA
6. CARTAS A MILENA
7. A COLÔNIA PENAL
8. O PROCESSO
9. O CASTELO
10. DIÁRIOS

A MURALHA
DA CHINA

Obras de
FRANZ KAFKA

Vol. 5

Tradução
TORRIERI GUIMARÃES

Capa de
CLÁUDIO MARTINS

EDITORA ITATIAIA LTDA
Belo Horizonte
Rua São Geraldo, 67 - Floresta - Cep.: 30150-070 — Tel.: (31) 212-4600
Fax.: (31) 224-5151

FRANZ KAFKA

A MURALHA DA CHINA

EDITORA ITATIAIA
Belo Horizonte

Título da obra em alemão
BESCHREIBUNG EINES KAMPFES

2000

Direitos de Propriedade Literária adquiridos pela
EDITORA ITATIAIA LTDA
Belo Horizonte

Impresso no Brasil
Printed in Brazil

Kafka é o homem a quem a sorte reservou o destino que a voz popular confere aos gênios: serem reconhecidos apenas após a morte física. Digo morte física, porque agora é que Kafka começa realmente a viver. Talvez devido à sua grande timidez, talvez devido ao período conturbado em que viveu e as condições particulares de sua vida, deva-se o fato de que o genial escritor passe ignorado dos seus contemporâneos. O próprio Kafka, após inutilizar muitas de suas produções, tentando recompô-las, mas sendo surpreendido antes pelas Parcas, pediu a um amigo que inutilizasse todos os seus trabalhos. Esse amigo, entretanto, provando que o é também de todos nós que admiramos as obras geniais, providenciou a publicação das mesmas, certo do seu valor, mas incerto quanto à reação do público. E aí está. Edições que se sucedem em todas as partes do mundo, o próprio assombro colocado diante dos olhos do leitor, o cinema, através de elementos de indiscutível bom gosto e capacidade técnica aproveitando o tema de uma sua novela (por sinal inacabada como a maioria dos seus trabalhos), e a glória póstuma enaltecendo a memória de um homem que passou toda a sua vida se escondendo do mundo.

Aqui está, nesta compilação que fizemos, senão o melhor, pelo menos alguns dos trabalhos mais representativos do fenômeno kafqueano. Kafka descobriu, em nosso entender, o mundo subjetivo, do inconsciente participando ativamente da vida normal, porém não o descreve como um espectador, mas emergindo desse mundo, com toda a sua genialidade, numa tentativa sempre repetida em todos os seus trabalhos, de desvendá-lo sem se desvendar. Melhor do que a ninguém quadra a ele a comparação da esfinge, mas uma esfinge inventada por Freud, que a si mesma devesse desvendar o seu mundo íntimo, sob pena de ser absorvida pelos problemas que o mundo externo constantemente apresenta, e ser arrastada para os abismos da loucura. Assim é que, nas histórias que selecionamos aqui, Kafka aparece refugiado (ele que sempre careceu de abrigo) em sua casa, mas apresenta-a como "a construção" e figura a si mesmo como o animal que teme a sociedade, que ama o seu refúgio, mas sabe que será molestado e terá de lutar contra os intrusos e sucumbirá fatalmente; Kafka surge também preocupado com as relações humanas em "Blumfeld, um solteirão"; surge o Kafka tímido em "História de uma luta", e o crítico de problemas sociais em "Investigações de um Cachorro", "O Timoneiro", etc.

Muito da obra representativa de Kafka está aqui. O leitor deve lê-lo com cuidado. É a melhor recomendação que podemos fazer a quem deseja penetrar o grande mistério.

TORRIERI GUIMARÃES

ÍNDICE:

Descrição de Uma Luta	11
Entretenimentos, ou Demonstração de que é Impossível Viver	23
1. A Cavalgada	23
2. Passeio	24
3. O Gordo	27
4. Afundamento do Gordo	47
Da Construção da Muralha da China	52
A Recusa	63
Sobre a Questão das Leis	68
O Escudo da Cidade	71
Das Alegorias	73
Poseidon	74
O Caçador Gracchus	76
Um Golpe à Porta da Granja	81
Um Cruzamento	83
A Ponte	86
A Partida	88
Renúncia	89
De Noite	90
O Timoneiro	91
O Pião	92
Fabulazinha	93
Uma Confusão Cotidiana	94
O Cavaleiro de Cuba	96
O Casal	99
O Vizinho	104
O Exame	106
Advogados	108
Regresso ao Lar	111
Comunidade	112
Blumfeld, Um Solteirão	114
A Construção	136
A Toupeira Gigante	166
Investigações de Um Cachorro	179
O Abutre	212
"ELE" — Anotações do ano 1920	214
O Guardião da Cripta	221
Apêndice	233
Fragmentos para Informação a Uma Academia	233
Fragmento para a Construção da Muralha da China	237
O Recrutamento	239
Fragmento para o Caçador Gracchus	242

DESCRIÇÃO DE UMA LUTA

... e mexendo-se a gente
no tremedal passeia
sob este céu vasto
que das colinas à distância
a distantes colinas chega.

Próximo das doze ergueram-se algumas pessoas; depois de fazerem reverências, estenderem-se as mãos e dizerem que tudo tinha sido muito agradável, saíram ao vestíbulo pela grande arcada. A dona da casa, no centro, fazia volúveis inclinações, enquanto se mexiam as belas pregas de seu vestido.

Eu, sentado a uma mesinha, que tinha três pés finos e firmes, tomava exatamente um sorvo de meu terceiro copo de vinho, e ao beber olhava a pequena provisão de massinhas que eu mesmo escolhera e empilhara.

Então, na porta de uma sala contígua apareceu meu novo conhecido, um pouco revolto e desarrumado; como não me interessava muito, quis olhar para outro lado. Ele, em troca, aproximou-se de mim, e rindo-se distraídamente daquilo em que me ocupava, disse:

— Desculpe que me dirija a você, mas estive até agora sentado com minha garota na sala ao lado. Desde as dez e meia. Esta sim que foi uma noite, companheiro! Compreendo que não fica bem que eu lhe conte; apenas nos conhecemos. Não é assim? Apenas trocamos algumas palavras na escada, ao chegar. Contudo, rogo-lhe que me desculpe, mas não suportava já a felicidade, era mais forte do que eu. E como aqui não tenho conhecidos aos quais confiar...

Olhei com tristeza seu formoso rosto afogueado — a torta de fruta que me havia levado à boca não era grande coisa — e lhe disse:

— Por certo me satisfaz parecer-lhe digno de confiança, mas não me faz feliz ser seu confidente. E você mesmo, se não estivesse tão alterado, dar-se-ia conta do pouco tino que há em falar de uma garota apaixonada a um bebedor solitário...

Quando me calei, sentou-se de súbito, e deitando-se para trás deixou pender os braços. Depois os ergueu e começou a dizer em voz bastante alta:

— Há um momento Anita e eu estávamos sós ainda nesse quarto. Beijava-a, beijava-a eu, entende?, na boca, nas orelhas, nos ombros! Deus meu!

Alguns convidados, supondo que se processava uma animada palestra, aproximaram-se bocejando. Levantei-me e disse para que todos ouvissem:

— Bem; se você deseja assim, vou com você, mas insisto em que é uma loucura ir ao monte Laurenzi em uma noite de inverno. Está frio e depois da neve que caiu os caminhos parecem pistas de patinação. Mas se você o deseja...

Primeiro olhou-me surpreso, entreabrindo seus úmidos lábios, mas depois, quando viu os outros, já muito próximos, riu e disse enquanto se levantava:

— Oh, o ar frio nos fará bem; temos as roupas transpassadas de calor e de fumo; além do mais, sem ter bebido precisamente em excesso, estou um tanto mareado. Vamos?

Procuramos a dona da casa a qual, enquanto êle lhe beijava a mão, disse:

— Estou verdadeiramente contente; você parece tão feliz esta noite!...

A bondade de suas palavras o emocionou e inclinou-se outra vez sobre sua mão; então ela sorriu. Tive de arrastá-lo. No vestíbulo havia uma criada à qual víamos pela primeira vez. Ajudou-nos a vestir os sobretudos e tomou uma pequena lâmpada para alumiar-nos a escada. Um cinta de veludo, alta, quase encostada ao queixo, rodeava seu colo desnudo; dentro de suas roupas soltas, o corpo ondulava enquanto nos precedia, baixando a lâmpada. Tinha as faces vermelhas; tinha bebido vinho e ao débil resplendor que enchia o vão da escada, percebia-se o tremor de seus lábios.

Uma vez embaixo, depôs a lâmpada em um degrau da escada, adiantou um passo para o meu companheiro; abraçou-o e beijou e o tornou a abraçar. Apenas quando lhe pus uma moeda na mão se desprendeu sossegada, abriu lentamente a pequena porta e nos deixou sair.

Sobre as ruas vazias, uniformemente iluminadas, uma lua enorme brilhava no céu ligeiramente nublado e que parecia por isso mais extenso. Sobre a neve congelada apenas se podiam dar pequenos passos.

Imediatamente comecei a sentir-me muito espevitado. Ergui as pernas, fiz ranger as juntas, gritei um nome como se um amigo tivesse fugido dobrando a esquina; atirei o chapéu ao ar e o recolhi com jactância.

Meu companheiro não se preocupava pelo que eu fazia. Ia com a cabeça inclinada, mudo. Causou-me estranheza; supusera que tirando-o da reunião a alegria o faria endoidecer. Já que não era assim, também eu podia comportar-me com mais calma. Acabava justamente de dar-lhe uma batida leve no ombro, quando, de repente, deixei de compreendê-lo e retirei a mão. Não precisava dela e enfiei-a no bolso do sobretudo. Continuamos, portanto, em silêncio. Eu, atento ao nosso caminhar, não chegava a compreender como não me era possível conservar o passo de meu acompanhante. Contudo, o ar estava diáfano e via nitidamente suas pernas. Alguém, encostado em uma janela, contemplava-nos.

Ao entrar na rua Ferdinando notei que meu companheiro começava a cantarolar uma melodia da "A Princesa do Dólar"; fazia-o muito baixo, mas consegui ouvi-lo bem. Que desejava? Ofender-me? Bem; estava disposto a prescindir da música e do passeio. E por que não falava? Se não precisava de mim, por que não me deixara em paz com as guloseimas, e ao calor do vinho? Certamente não tivera nenhum interesse extraordinário em dar esse passeio. Além disso, podia divertir-me sem ele. Regressava de uma festa noturna, acabava de salvar da vergonha um jovem ingrato e passea-

13

va agora à luz da lua. De acordo. Durante o dia, no emprego, depois em sociedade e, pela noite, nas ruas e sem medida. Um modo de viver desmedido... em sua naturalidade. Mas meu companheiro seguia-me ainda; até acelerou o passo quando notou que se atrasara. Não falávamos; tampouco se podia dizer que caminháramos. Perguntei-me se não me era conveniente dobrar uma rua laterla, já que no fundo não tinha nenhuma obrigação de passear com ele. Podia regressar sozinho para casa, ninguém estava capacitado a impedir-mo. Depois veria o meu companheiro, desorientado, pela encruzilhada. Adeus, meu caro! Acolher-me-á a fraqueza do quarto, acenderei sobre a mesa a lâmpada de pé de ferro, e depois, finalmente! repousarei em minha poltrona, sobre o destroçado tapete oriental. Lindas perspectivas! E por que não? E depois? Nenhum depois. A claridade da lâmpada no cálido quarto cairá sobre meu peito. Depois me abandonará o calor e passarei as horas na solidão das paredes pintadas; sobre o pavimento, que no espelho de moldura dourada da parede posterior se reflete obliquamente.

Já minhas pernas começavam a cansar-se e estava decidido a retornar à casa de qualquer modo e a meter-me na cama, quando me assaltou a dúvida de se, ao separar-nos, devia saudar o meu companheiro ou não. Eu era muito tímido para afastar-me sem cumprimentar e me faltava coragem para fazê-lo com uma simples exclamação. Detive-me, portanto, e apoiando-me em uma parede iluminada pela rua, esperei.

Meu companheiro deslizava para mim pelo passeio lateral da rua, rapidamente, como se se devesse recebê-lo nos meus braços. Piscava-me o olho, em sinal de confidência, por algo de que eu certamente não me lembrava.

— Que há? — perguntei — Que há?

— Nada, nada — disse — apenas queria conhecer sua opinião a respeito da criada que me beijou no saguão. Quem é essa garota? Você a viu antes? Não? Nem eu. Era na realidade uma criada? Quis perguntá-lo a você, desde que descemos a escada atrás dela.

— Era uma criada, e creio que nem mesmo a primeira criada; notei-o pelas mãos avermelhadas; quando lhe dei o dinheiro senti a aspereza da pele.

— Isso demonstraria que há tempos que serve.

— Talvez você tenha razão; na penumbra não se distinguia bem; mas ao mesmo tempo sua cara me recordava uma criada bastante madura, filha de um oficial de minha relação.
— A mim não — disse ele.
— Isso não me impedirá que eu vá para casa; é tarde, e amanhã tenho que ir ao emprego; dorme-se mal ali.
Estendi-lhe a mão.
— Horror! Que mão fria! — exclamou. — Não quisera ir para casa com uma mão assim. Também você deveria ter-se feito beijar. Omissão, por outro lado, facilmente sanável. Dormir? Em semelhante noite? Que lembrança! Considere quantos pensamentos felizes afoga alguém sob os cobertores ao dormir só e quantos sonhos infelizes enroupa com eles.
— Eu não afogo nem enroupo nada — disse eu.
— Bah! Deixe-me você; você é um gracioso — concluiu.
Começou a afastar-se, e eu, preocupado pelas suas palavras, comecei a segui-lo maquinalmente.
Deduzi de seu modo de falar que ele presumia algo que se relacionava comigo, algo que talvez não existisse, mas cuja mera presunção me elevava a seus olhos. Era melhor que não tivesse voltado para casa. Talvez este homem que estava ao meu lado com a boca fumegante por causa do frio e pensando em criadas, estivesse em condições de valorizar-me diante dos outros, sem esforço de minha parte. Que não mo estraguem as raparigas! — me dizia — Que o beijem e o apertem, bom; ao fim e pensando bem é a obrigação delas e o direito dele, mas que não mo tirem. Quando o beijam, também beijam um pouco a mim, se se quer; com os ângulos da boca, de certo modo; mas se o seduzem, então mo tiram. E ele deve estar sempre comigo, sempre; quem senão eu havia de protegê-lo? Porque o infeliz é bastante estúpido: em pleno fevereiro diz-lhe alguém: "vamos ao Monte Laurenzi" e vem. Além disso pode cair, resfriar-se, algum homem ciumento pode sair do beco do Correio, e assaltá-lo. Que seria de mim depois? Ficaria como proscrito do mundo. Não; já não se livrará nunca mais de mim.
Amanhã conversará com Anà, ao princípio de coisas vulgares, como é natural, mas de súbito não podendo conter-se, dirá: "Ontem à noite, Anita, depois da festa noturna, estive com um homem, um homem como nunca viste, com toda certeza. Tem o aspecto — como poderia descrevê-lo? — de

um junco vacilante, com um crânio eriçado de cabelo negro na ponta. De seu corpo pendiam retalhinhos murchos de gênero amarelento que o cobriam inteiramente, e que, com a calma que reinava ontem à noite, aderiam ao seu corpo. Como! Anita, perdes o apetite? Creio que a culpa é minha por tê-lo contado tão mal. Ah, se o tivesses visto, caminhava timidamente a meu lado, adivinhando que te amava, o que certamente não era nada difícil! E para não perturbar minha felicidade, adiantou-se a mim durante um bom trecho. Creio que te ririas e talvez te assustasses um pouco, mas a mim me agradava a sua presença. E tu, onde estavas, Anita? Dormindo, e a África não estava mais longe do que tua cama. Às vezes parecia-me que com a simples expansão de teu peito elevava-se o céu estrelado. Julgas que exagero? Não, não! pela minha alma, que te pertence, te juro que não.

E não perdoei a meu companheiro — precisamente dávamos os primeiros passos sobre o cais Francisco — nem a mínima parte da vergonha que devia sentir durante semelhante discurso. Apenas naquela ocasião meus pensamentos se emaranhavam, já que o Moldava e os bairros da margem oposta jaziam em uma mesma obscuridade; ainda que entretanto havia ali algumas luzes que brincavam com os olhos do espectador.

Cruzamos a estrada até a galeria do rio e nos detivemos. Encontrei uma árvore em que me apoiar. Vinha o frio da água e coloquei as luvas; suspirei sem motivo, como se costuma fazer de noite junto a um rio, e imediatamente quis partir. Mas ele olhava a água e não se mexia. Depois aproximou-se da galeria, e com as pernas junto ao ferro, encostou nele os cotovelos e apoiou a fronte nas mãos. E que mais? Senti frio e tive que levantar a gola do sobretudo. Ele ergueu-se; a espádua, os ombros, o pescoço, sustendo o busto, que descansava sobre os braços estirados, para além da galeria.

— As recordações, não é mesmo? — continuei — Se já a lembrança é triste, como não será aquilo que se lembra! Não se entregue a tais coisas, não são para você nem para mim. Com isso, nada mais claro, apénas se enfraquece a posição atual, sem consolidar a anterior que, por outro lado, já não precisa ser consolidada. Acredita você que eu não tenha recordações? Dez para cada um dos seus. Neste mesmo momento, por exemplo, poderia recordar-me de como estava em L., sentado em um banco. Também era de noite e à margem de um rio; era verão. Em uma noite assim é meu costume encolher as pernas e rodeá-las com os braços. Havia apoiado a cabeça no respaldo de madeira e olhava as montanhas nebulosas da outra margem. Um violino tocava suavemente no hotel da praia. De ambas as margens deslocavam-se de quando em quando trens envoltos em fumo brilhante.

Meu companheiro interrompeu-me, voltou-se de repente, quase assombrado de ver-me ainda com ele.

— Ah!, ainda poderia contar muito mais! — disse eu apenas.

— Pense que sempre acontece assim — começou ele — Quando hoje descia pela escada de minha casa para dar uma volta antes da reunião, assombrei-me de que minhas mãos dançassem alegremente dentro dos punhos da camisa. Disse a mim mesmo: "Aguarda, hoje há de acontecer algo". E aconteceu efetivamente.

Já tinha começado a caminhar quando disse isto; e se voltava para olhar-me com seus grandes olhos, sorridente. Assim estavam as coisas, portanto. Podia contar-me tais aventuras, sorrir e olhar-me com seus grandes olhos. E eu, eu devia conter-me, para que meu braço não rodeasse seus ombros, para não beijar-lhe os olhos, como prêmio por poder prescindir de mim até esse ponto. O pior era que já também não importava nada, que nada podia mudar, porque eu devia partir, necessariamente.

Enquanto buscava aflitamente algum meio para permanecer com ele pelo menos um instante mais, ocorreu-me que talvez minha grande estatura, ao fazê-lo parecer mais baixo, lhe fosse desagradável. E esta circunstância torturou-me de tal forma — já era noite avançada e não encontrávamos quase a ninguém — que me encurvei até tocar os joelhos com as mãos. Mas para que ele não o percebesse fui mudando de posição pouco a pouco, durante a caminhada, e procurando desviar sua atenção. Inclusive, uma vez o fiz voltar-se na direção do rio e apontei com a mão estendida as árvores da ilha dos atiradores para que notasse como se refletiam os focos das duas pontes.

Eu não terminara de todo, quando, voltando-se de repente, me olhou e disse:

— Que é isso? Você está completamente torto. Que está fazendo?

17

— Muito bem — disse, com a cabeça junto à costura de sua calça, pelo que não podia erguer os olhos — sua vista parece muito boa.
— Vamos, vamos! Endireite-se! Que estupidez!
— Não, — disse, e olhava-o ao solo, muito próximo — fico como estou.
— Realmente, você consegue enfastiar a qualquer um. Estamos demorando-nos inutilmente. Vamos! Terminemos!
— Como grita! E em uma noite tão tranqüila! — disse eu.
— Como você queira — acrescentou, e depois de um instante: — Uma hora menos um quarto.
Evidentemente, via a hora na torre do moinho.
Já estava teso como se me tivessem erguido pelos cabelos. Mantive um instante os lábios entreabertos para que a excitação pudesse abandonar-me pela boca. Então compreendi: estava me deixando. Junto a ele não havia lugar para mim, e se existia era inencontrável. Por que — seja dito de passagem — me empenhava em estar com ele? Não; se apenas queria ir-me, e no mesmo instante, para reunir-me com meus parentes e amigos. E embora não tivesse parentes e amigos, teria que dar um jeito de afastar-me de qualquer modo (de que valeria queixar-se?), e quanto mais depressa, melhor. Junto a ele já nada poderia me ajudar nem minha estatura, nem meu apetite, nem minha mão gelada. Mas se eu chegasse a opinar que devia ficar a seu lado, essa opinião seria realmente perigosa.
— Sua indireta é demasiada — disse eu.
— Graças a Deus se endireitou! A única coisa que fiz foi observar que era uma hora menos um quarto.
— Está bem — disse, e meti as unhas de dois dedos entre os dentes castanholantes. — Não preciso de sua indireta e menos ainda de sua explicação. Apenas preciso de sua companhia. Rogo-lhe: retire o que disse.
— Aquilo de uma hora menos um quarto? Com muito gosto, sobretudo porque essa hora já passou há pouco.
Levantou o braço direito, agitou a mão e se pôs a escutar o tiquetaque dos ponteiros.
Agora vinha evidentemente o assassinato. Permanecerei colado a ele; levantará o punhal, cujo punho já segura no bolso, e o dirigirá contra mim. Não é provável que se assombre de quão fácil é tudo, mas ao melhor sim, não se pode saber. Não gritarei, apenas o olharei, enquanto possa.

— Então? — disse êle.

Frente a um distante café de vidros negros um policial resvalava pelos pavimentos como um patinador. O sabre o incomodava, tomou-o na mão, deslizou por um grande trecho e afinal girou quase em uma curva. Finalmente, soltou um gritinho exultante e, com a cabeça cheia de melodias, tornou a descrever laçadas.

Este policial, que a duzentos metros de um iminente assassinato ocupava-se apenas de si mesmo, me deu medo. Era o fim de qualquer maneira, ainda que fugisse ou me deixasse apunhalar. Contudo, não era preferível fugir e libertar-me desse final complicado e doloroso? Não via as vantagens de tal gênero de morte, mas não podia desperdiçar meus últimos instantes em averiguá-las. Para isso teria tempo mais tarde; agora se impunha decidir-se. E me havia decidido.

Devia fugir ainda que não era fácil. Ao dobrar à direita, para a ponte Carlos, podia saltar à esquerda, metendo-me no beco. Este era sinuoso, com portais escuros e tabernas ainda abertas; não devia desesperar.

Quando abandonamos o arco ao final do cais para avançar para a praça dos Cavaleiros da Cruz, corri com os braços para o alto até o beco. Mas frente a uma pequena porta da igreja do Seminário, caí, pois havia ali um degrau com o qual não contava. Fiz bastante ruído, o primeiro farol estava longe, achava-me estendido na obscuridade. De uma taberna de frente uma mulher gorda com um farol saiu a ver que acontecera na rua. A música do piano, no interior, continuava mais fracamente, conhecia-se que tocavam com uma só mão, e que o pianista se voltara para a porta, a qual, primeiro apenas entreaberta, foi aberta de todo por um homem de jaqueta abotoada até em cima. Cuspiu e apertou a mulher com tal força que esta teve que levantar o farol para protegê-lo. "Não aconteceu nada", gritou o homem para dentro; os dois se voltaram, entraram e a porta se fechou.

Ao tentar erguer-me, caí de novo. "Há gêlo", disse para mim mesmo, e senti dolorido o joelho. Contudo, me alegrava que a gente da taverna não me tivesse visto, pois dessa maneira poderia continuar ali até amanhecer.

Meu acompanhante teria ido provavelmente até a ponte sem precaver-se de meu afastamento, pois chegou somente depois de algum tempo. Não parecia surpreendido quando se inclinou sobre mim — inclinava apenas o pescoço como uma hiena — e me acariciou brandamente. Passou uma mão pelos meus ombros, subindo-a e baixando-a; e apoiou depois a palma em minha fronte. "Machucou-se, não? Está gelando e é preciso andar com cuidado. Não me disse você mesmo? Dói-lhe a cabeça? Não? Ah, o joelho. Sim, é muito desagradável".

Mas via-se que não pensava em me erguer. Apoiei a cabeça em minha mão direita — o cotovelo descansava contra uma laje — e disse:

— Bem, novamente juntos — e como tornava a sentir aquele medo de antes, empurrei com força suas pernas, para afastá-lo.

— Vai-,te, vai-te — dizia.

Ele tinha as mãos nos bolsos, olhou o beco vazio, depois a igreja do Seminário e o céu. Finalmente, o bulício de um coche em uma rua próxima recordou-lhe minha presença.

— Por que não fala, meu caro? Sente-se mal? Por que não se levanta? Não será melhor buscar um coche? Se quiser, trago-lhe um pouco de vinho da taberna. Não deve continuar deitado aqui com este frio. Além disso, íamos ao monte Laurenzi.

— Naturalmente — disse, e com fortes dores me ergui pelos meus próprios meios. Vacilava e tinha que olhar a estátua de Carlos IV para estar certo de minha direção. Nem mesmo isso me teria ajudado se não me ocorresse que uma garota que tinha um cinto de veludo negro no pescoço me amava se não fogosamente, pelo menos com fidelidade. E era sem dúvida uma amabilidade da parte da lua querer alumiar-me; por modéstia ia colocar-me sob a arcada da torre; mas depois compreendi que era natural que a lua alumiasse tudo. Abri os braços com alegria para gozar dela completamente. Tudo me pareceu mais fácil quando fazendo débeis movimentos natatórios com os braços, consegui avançar sem dor e sem esforço. Não tê-lo tentado antes! Minha cabeça fendia o ar fresco e exatamente meu joelho direito era o que voava melhor; expressei-lhe minha satisfação com uns golpezinhos. Recordava-me de que tivera um conhecido ao qual não tolerava bem; contudo, o que mais me alegrava era que minha memória fosse o suficientemente boa para reter tais coisas. Mas não devia pensar tanto, já que tinha de continuar andando se não queria afundar-me ainda mais. Contudo, para que depois não me dissessem que no pavimento qualquer um nadaria, e que não valia a pena contá-lo, levantei-me um pouco por sobre a amurada e nadei ao redor de todas as imagens que encontrava.

Ao chegar à quinta — justamente me sustentava com imperceptíveis golpes acima do passeio — meu companheiro tomou-me a mão. De novo achava-me parado sobre o pavimento e sentia dor no joelho. Meu acompanhante, segurando-me com uma mão e apontando com a outra a estátua de Santa Ludmila, disse:

— Sempre admirei as mãos deste anjo da esquerda. Observe como são ternas! Verdadeiras mãos de anjo! Viu alguma vez algo semelhante? Você não, mas eu sim, porque esta noite beijei umas mãos...

Para mim agora uma terceira possibilidade de aniquilamento. Não era necessário deixar-me apunhalar, não era necessário fugir; simplesmente podia atirar-me ao ar. Que vá ao monte Laurenzi, não o perturbarei, nem mesmo fugindo o perturbarei.

— Adiante com as histórias! — gritei — Não me contento com fragmentos. Conte tudo, do princípio ao fim! E lhe previno que não tolerarei que suprima nem uma vírgula. Ardo em desejos de saber tudo.

Olhou-me e eu fui me apaziguando.

— Pode confiar em minha discrição. Conte-me tudo; alivie seu coração; jamais teve um ouvinte tão discreto quanto eu.

E a meia voz, próximo de seu ouvido, ajuntei:

— Não tenha medo de mim, está completamente fora de lugar.

Ainda o escutei rir.

Disse:

— Já o creio, já o creio; não me cabe dúvida alguma. — E com os dedos que subtraía à pressão de suas mãos tanto quanto me era possível, beliscava-lhe as barrigas das pernas. Mas ele não o sentia. Então disse a mim mesmo: "Por que andas com este homem? Nem o amas, nem o odeias; sua felicidade não tem mais objetivo que uma garota que ao melhor nem mesmo usa um vestido branco. Depois este homem te é indiferente — repito-o — indiferente. Mas também é inofensivo, como pudeste comprová-lo. Segue, portanto, com ele até o monte Laurenzi, já que te puseste em caminho nesta linda noite, mas deixa-o falar e diverte-te à tua maneira, que é — di-lo devagar — a melhor forma de proteger-te".

II

ENTRETENIMENTOS

ou demonstração de que é impossível viver

1. CAVALGADA

Tomando impulso saltei sobre os ombros de meu companheiro como se não fosse a primeira vez e, enterrando-lhe os punhos em suas costelas, fi-lo trotar. Quando pateou com desagrado, chegando até a deter-se, finquei-lhe as botas no ventre para avivá-lo. Deu bom resultado e rapidamente chegamos ao interior de uma região extensa, mas incompleta. Cavalgava por uma estrada pedregosa e bastante empinada, mas exatamente isso me agradava e deixei que se tornasse ainda mais pedregosa e empinada. Quando minha cavalgadura tropeçava levantava-a com um puxão no pescoço e se se queixava lhe golpeava a cabeça. Entretanto, achei saudável esta cavalgada pelo ar puro, e para torná-la ainda mais selvagem, fiz com que soprassem através de nós fortes ondas de vento contrário.

Exagerei o movimento de saltar sobre os amplos ombros de meu companheiro e, agarrado a seu pescoço com ambas as mãos, atirei a cabeça para trás, para contemplar as multiformes nuvens, que, mais débeis que eu, deixavam-se arrastar pesadamente pelo vento. Eu ria e tremia de coragem. Meu sobretudo se abria e me dava forças. Apertava firmemente uma mão contra a outra, com a qual estrangulava meu companheiro. Apenas quando o céu foi se cobrindo gradualmente com os ramos das árvores que eu deixava crescer nas bordas da rua, voltei a mim.

— Não sei, não sei — gritei sem entonação. — Se não vem ninguém, então ninguém vem. A ninguém fiz mal, ninguém me fez mal, mas ninguém me quer ajudar, absolutamente ninguém. Mas, contudo, não é assim. Apenas que ninguém me ajuda, do contrário absolutamente ninguém seria formoso; e com gosto quisera — que me diz disso? — fazer uma excursão com uma sociedade de absolutamente ninguéns. Certamente, à montanha; aonde mais? Como se apertam estes ninguéns, estes numerosos braços atravessados e enganchados, estes muitos pés separados por passos minúsculos! Compreende-se, todos de fraque. Marchamos assim, assim; um excelente vento passa pelos vãos que deixamos nós e nossos membros. As gargantas abrem-se na montanha. É um milagre que não cantemos.

Então meu companheiro caiu e constatei que se achava seriamente machucado no joelho. Como já não me podia ser útil deixei-o sem pena sobre as pedras; e depois assobiei, chamando uns abutres, que, obedientes, pousaram sobre ele para guardá-lo com seus bicos graves.

2. PASSEIO

Continuei, despreocupado. Mas como viandante temia as penúrias da rota da montanha, pelo que fiz que a trilha se suavizasse cada vez mais até descer a um vale na distância. As pedras desapareceram pela minha vontade e o vento perdeu-se.

Marchava a bom passo, e como descia por uma encosta, ergui o rosto, ergui o corpo e cruzei os braços atrás da cabeça. Como amo os montes de pinheiros — ia cruzando por eles — e como me agrada olhar silenciosamente as estrelas, estas se abriram gradualmente para mim, como é costume. Viam-se apenas umas poucas nuvens alongadas, que o vento, confinado nas esferas superiores, arrastava e estirava para assombro do passeante.

Bastante longe da estrada que tinha diante de mim, provavelmente para além de um rio, fiz erguer-se uma montanha de generosa altura, cujo cimo coberto de arbustos tocava o céu. Chegava a divisar as menores ramificações dos mais empinados galhos e seus movimentos. Tal espetáculo, por vulgar que seja, me deu tanta alegria que, convertido em pequeno pássaro sobre os ramos destes distantes bosques, esqueci fazer sair a lua, que já esperava atrás da montanha, certamente indignada pela demora. Nesse momento estendia-se sobre a montanha o fresco resplendor que precede a subida da lua, e repentinamente, ela mesma se elevou atrás de um dos inquietos arbustos. Eu, que olhava em outra direção, ao voltar a vista para frente e ver de repente como brilhava em sua quase inteira redondeza, detive-me com os olhos turvados: o declive de minha rua parecia levar diretamente ao interior dessa lua de espanto.

Contudo, em pouco me acostumei a ela e, pensativo, pus-me a contemplar sua afanosa subida; finalmente, depois de ter-nos aproximado um pedaço, senti grande sonolência, que atribuí às fadigas do desacostumado passeio. Segui uns momentos com os olhos fechados; apenas conseguia manter-me desperto golpeando sonora e regularmente as mãos.

Mais tarde, porém, quando o caminho ameaçou desfazer-se debaixo dos meus pés, e todo o contorno, esgotado como eu, começava a desfazer-se, apressei-me a trepar com um esforço inaudito pelo muro, sobre o lado direito da rua. Queria chegar a tempo ao alto e emaranhado pinhal e passar a noite que rapidamente se aproxima.

Corria depressa. As estrêlas obscureciam-se já e a lua submergia-se fracamente no céu como se caísse em águas agitadas. A montanha pertencia à obscuridade, a estrada desintegrava-se no ponto onde a tinha abandonado e do interior do bosque se aproximava cada vez mais o fragor de árvores em derrubada. Poderia ter me deitado a dormir sobre o musgo, mas como em geral temo fazê-lo no solo trepei — o tronco deslizou rapidamente pelos anéis que eu formava com os braços e as pernas — a uma árvore, que também se bamboleava sem que houvesse vento; recostei-me sobre um galho com a cabeça contra o tronco e dormi apressadamente enquanto que um esquilo, filho de meu capricho, se imobilizava com a cauda tesa no final agitado do galho.

Dormi profundamente e sem sonhos. Não me despertaram nem a desaparição da lua nem a saída do sol. E quando eu estava já para despertar tornei a me tranqüilizar. "Cansaste-te muito ontem" me disse, "procura agora o sono", e tornei a dormir.

E ainda que não sonhava, dormi com contínuas e leves perturbações. Durante toda a noite alguém falava perto de mim. Mal se percebiam as próprias palavras, exceto algumas como "banco na margem", "montanhas nebulosas", "trens envoltos em fumo brilhante", porém sim a forma da pronúncia; ainda recordo que me roçava as mãos adormecido, satisfeito porque não tinha obrigação de reconhecer as palavras, precisamente porque dormia.

"Tua vida era muito monótona", disse em voz alta para convencer-me. "Era realmente necessário que te levassem a outra parte. Podes estar alegre, há alegria aqui. O sol resplandece".

Então saiu o sol e as nuvens carregadas de chuva tornaram-se brancas, leves e pequenas no céu azul. Brilharam e se empinaram. Vi um rio no vale.

"Sim, era monótona, mereces esta diversão", continuei dizendo como obrigado, "mas, não era também perigosa?" Então ouvi alguém gemer, horrivelmente próximo.

Apressei-me a descer, porém o galho tremia como a minha mão; e caí no vazio, rígido. Apenas houve um choque; não me doeu, mas senti-me tão fraco e infeliz que enterrei o rosto no solo; não podia suportar o esforço de ver as coisas que me cercavam no mundo. Estava convencido de que cada movimento e pensamento eram forçados, tinha que se cuidar deles. Em troca, era natural jazer aqui na erva, os braços colados ao corpo e a cara escondida. E me dizia que devia congratular-me por estar já nesta posição natural, pois do contrário teria de suportar ainda para alcançá-la muitos e dolorosos espasmos, como o exigem as palavras e os passos.

O rio era amplo e sobre as pequenas rumorejantes caía a luz. Também na outra margem havia prados, que logo se convertiam em bosque, e mais além destes, na mais profunda distância, claras linhas de pomares levavam a colinas verdejantes.

A beleza do espetáculo me inundou de felicidade, recostei-me e pensei, tapando os meus ouvidos contra possíveis prantos, que aqui poderia estar alegre. Era um lugar solitário e belo. Não se precisava de muita coragem para viver nesta região. Tinha-se que se torturar como em outros locais, mas sem necessidade de movimentar-se tanto. Não, não seria necessário. Apenas existem aqui montanhas e um grande rio e sou bastante sensato para considerá-los inanimados. E se na solidão da noite tropeço ao andar pelos íngremes caminhos do prado, não estarei por isso mais só do que a montanha, ainda que eu sim o sentirei. Mas isso também passará. Assim dispunha a minha vida futura e procurava esquecer com obstinação. Pestanejando, olhava o céu, de estranha coloração feliz. Há muito que não o via tão belo e, emocionado, lembrei-me de dias isolados em que me parecera vê-lo assim. Retirei as mãos do ouvido, e estendi os braços deixando-os cair sobre a erva.

Ouvi soluços débeis e distantes. Ergueu-se vento e grande massa de folhas secas que antes eu não notara voaram barulhentas. Das árvores caía a fruta verde, e batia loucamente o solo. Atrás de uma montanha subiam nuvens desagradáveis. No rio estalavam as ondas, que retrocediam diante do vento.

Levantei-me apressado. Doía-me o coração; agora parecia-me impossível superar minha pena. Queria voltar-me e retomar meu antigo gênero de vida, quando tive esta lembrança: "Curioso como ainda na atualidade existam pessoas distinguidas que passam pelo outro lado do rio de modo tão complicado. A única explicação é que continuam praticando um costume muito antigo". Sacudi a cabeça; estava realmente assombrado.

3. O GORDO

a) Invocação à paisagem

Dos arbustos da outra margem saíram vigorosamente quatro homens nus que levavam sobre os ombros um palanquim de madeira. Nele ia sentado em posição oriental um homem extraordinariamente gordo. Embora conduzido através do bosque, não afastava os galhos espinhosos, mas os fendia tranqüilamente com seu corpo imóvel. As dobras de sua gordura estavam tão cuidadosamente estendidas que, além de cobrir totalmente o palanquim, caíam-lhe às costas como as bordas de um tapete amarelento; mas não o incomodavam. Seu crânio, nu, era pequeno, amarelo e brilhante. Sua cara tinha a cândida expressão de um homem que reflete sem preocupar-se em ocultá-lo. Às vezes fechava os olhos; quando tornava a abri-los torcia-se-lhe a mandíbula.

"A paisagem não me deixa pensar", disse em voz baixa. "Faz oscilar minhas idéias como pontes de cadeia na correnteza. É bela e merece ser contemplada." Fecho os olhos e digo: "Oh, tu, montanha verde junto ao rio, dona de pedras que rodam para a água! És bela!"

Mas toda esta alocução não a satisfaz, quer que abra os olhos.

Contudo, se digo com os olhos fechados: "Montanha, não te amo porque me lembras as nuvens, o rosado do crepúsculo e o céu em ascensão, coisas todas que me colocam à beira do pranto e que não se podem alcançar jamais se se faz conduzir em uma pequena liteira. E enquanto tu, pérfida montanha, me demonstras isso, ocultas-me a distância de belas coisas alcançáveis. Por isso não te amo, montanha junto ao rio, não te amo."

Mas este discurso lhe seria indiferente como o anterior se não lho disser com os olhos abertos.

E já que tem tão caprichosa predileção pela papinha de nossos cérebros, é preciso conservar sua disposição amistosa, mantê-la ereta. Pois poderia arrojar sombras denteadas, interpor em silêncio horrorosas paredes nuas e fazer tropeçar os meus condutores nos seixos do caminho. Mas não só a montanha é vaidosa, exigente e vingativa; tudo o restante também o é. Com os olhos redondos — oh, e como dóem! — devo portanto repetir constantemente:

"Sim, montanha, és formosa e os bosques de tua ladeira ocidental me alegram... Também tu, flor, me satisfazes e tua cor rosada encanta minha alma... E tu, erva do prado, cresceste e és forte e refrescas... E tu, bosque desconhecido, picas de modo tão inesperado que fazes brincar nosso pensamento... Mas tu, rio, és o que me dás maior prazer, tanto que me entregarei confiante às tuas águas flexíveis."

Depois de ter gritado dez vezes esta vibrante loa à qual acompanhava humildemente com pequenas sacudidelas de seu corpo, deixou tombar a cabeça e disse com os olhos ainda fechados:

"Mas agora, rogo-vos, montanha, flor, erva, bosque e rio, deixai-me um pouco de espaço para que possa respirar."

Então produziram-se rápidos deslizamentos das montanhas, que se esconderam por trás de amplos cortinados de neblina. As alamedas quiseram resistir e proteger a rua, mas se diluíram em seguida. Diante do sol pendia uma nuvem úmida com leve borda translúcida; em sua sombra deprimia--se a terra e todas as coisas perdiam seus belos contornos.

As pisadas dos servidores faziam-se perceptíveis para mim através do rio, e contudo não podia perceber nada com clareza nos escuros quadrados dos rostos. Vi apenas como pendiam as cabeças e curvavam as espáduas pelo extraordinário peso da carga. Preocupava-me por eles, porque notava que estavam cansados. Observei fascinado como calcavam o pasto da ribeira, como cruzavam com passo raso a areia molhada, como finalmente se enterravam no juncal barrento, onde os dois de trás tiveram que se inclinar ainda mais, para manter o palanquim em posição horizontal. Eu retorcia as mãos. Agora, a cada passo deviam erguer muito os pés, de modo que seus corpos brilhavam suarentos no ar da tarde desfalecente.

O gordo continuava tranqüilo, as mãos apoiadas nas pernas; as pontas dos juncos o roçavam, quando tornavam a endireitar-se atrás dos condutores dianteiros. Os movimentos dos quatro homens fizeram-se mais descompassados à medida que se aproximaram da água. Às vezes a liteira oscilava como se se movesse já sobre as ondas, porque topavam com pequenos charcos entre o juncal, que deviam ladear ou saltar, já que podiam ser profundos.

Numa ocasião levantou-se um bando de patos selvagens que subiu gritando diretamente para a grande nuvem. Então, graças a um movimento do palanquim, vi o rosto do gordo; estava inquieto. Levantei-me e corri em ziguezague pelo pedregoso declive que me separava da água. Não reparava que era perigoso, apenas pensava que desejava ajudar o gordo quando seus servos não o pudessem levar mais. Corri tão irrefletidamente que não me pude deter a tempo e penetrei até os joelhos nas águas, que se abriram salpicando-me.

Na outra margem os condutores, à força de se retorcerem, tinham depositado a liteira no rio e enquanto com uma mão se sustinham sobre a água, quatro braços peludos empurravam a liteira para cima; viam-se os músculos desmedidamente tensos.

A água lhes bateu primeiro no queixo e lhes lambeu a boca; as cabeças dos condutores inclinaram-se para trás, as varas caíram sobre os ombros. A água chegava-lhes ao nariz mas não afrouxavam em seus esforços, e isso tendo eles chegado apenas à metade do rio. Então uma onda baixa caiu sobre a cabeça dos dianteiros e os quatro homens se afogaram em silêncio, arrastando em suas mãos a liteira. A água precipitou-se em caudais sobre eles.

Nesse momento saiu das bordas da grande nuvem um raso resplendor de sol poente que iluminou as colinas e as montanhas no último confim do campo visual, enquanto o rio e toda a zona que cobria a nuvem permaneciam em penumbra.

O gordo voltou-se lentamente com a corrente e foi levado rio abaixo como um deus de madeira clara que, já supérfluo, tivesse sido atirado ao rio. Deslizava mansamente sobre o reflexo da grande nuvem. Grandes nuvens o arrastavam e outras o empurravam encurvando-se, o que produzia bastante agitação na água, perceptível nos golpes das ondas em meus joelhos e contra as pedras da margem.

Trepei vivamente pelo talude para poder acompanhar o gordo do caminho, um pouco porque realmente o amava. E porque talvez pudesse descobrir algo também sobre os perigos deste país aparentemente tão seguro. Assim fui caminhando sobre a faixa de terra, procurando habituar-me à sua estreiteza, as mãos nos bolsos, e o rosto voltado em ângulo reto para o rio, de modo que o queixo quase vinha a ficar sobre o ombro.

Nas pedras da margem haviam andorinhas.

O gordo disse:

— Querido senhor da margem, não tente salvar-me. É a vingança da água e do vento; estou perdido. Sim, vingança; quantas vezes não teremos atacado estas coisas eu e meu amigo o suplicante, com a música de nossos aços, com o brilho dos címbalos, com a grande magnificência dos trombones, e as cintilações alegres dos tímbales!

Um mosquito, de asas estendidas, voou através de sua barriga sem diminuir sua velocidade.

O gordo contou o seguinte:

b) Começo de conversa com o suplicante

— Houve um tempo em que todos os dias ia à igreja porque uma garota da qual me havia apaixonado detinha-se ali a rezar meia hora ao entardecer; entretanto eu podia contemplá-la tranqüilamente.

Uma vez em que ela não aparecera olhei com desgosto aos suplicantes e chamou-me a atenção um jovem delgado que se arrojara ao solo. De tempo em tempo, gemendo intensamente, esmagava o crânio com todas as forças, entre as palmas de suas mãos, apoiadas nas pedras.

Na igreja havia apenas algumas velhas que, às vezes, giravam suas cabecinhas cobertas, olhando para o suplicante. Isto parecia fazê-lo feliz, pois antes de cada um de seus estalidos de contrição voltava os olhos para comprovar se os espectadores eram numerosos.

Como sua atitude pareceu-me indecorosa, resolvi falar-lhe quando saísse da igreja e perguntar-lhe diretamente por que rezava desse modo. Porque desde a minha chegada a esta cidade ver claro era o que me importava acima de todas as coisas, embora nesse momento o que mais me enfadava era não ter visto a garota.

O homem levantou-se depois de uma hora e sacudiu as calças durante tanto tempo que tive vontade de gritar-lhe: "Basta, basta, já vimos que tem calças!", persignou-se muito cuidadosamente e com passo lento, como de marinheiro, dirigiu-se para o pilar de água benta.

Coloquei-me entre este e a porta; sabia com certeza que não o deixaria passar sem pedir-lhe uma explicação. Torci a boca, o que constitui o melhor preparativo para certos discursos; adiantei a perna direita e carreguei o corpo sobre ela, apoiando apenas a ponta do pé esquerdo; esta posição me dá muito aprumo, como com freqüência posso comprovar.

É possível que o homem tivesse olhado de soslaio na minha direção, enquanto salpicava o rosto com água benta, ou que meu olhar o preocupasse já com antecedência, o caso é que inesperadamente correu para a porta e saiu. Saltei para segurá-lo. A porta de vidro bateu. E quando saí já não

31

pude encontrá-lo, com tantos becos estreitos e de grande movimento como havia ali.

Nos dias seguintes não o vi, mas em troca apareceu a garota, que tornava a rezar no canto de sua capelinha lateral. Trazia vestido negro; nos ombros e na espádua era todo de encaixe, o que deixava transparecer o decote em meia lua da blusa; a parte de seda do vestido terminava na parte inferior do encaixe formando um colo bem cortado. Ao chegar a garota, esqueci gostosamente aquêle homem, e mesmo quando mais tarde voltou e tornou a rezar da mesma maneira, não me preocupei mais com ele.

Sempre passava ao meu lado com grande pressa e desviando o rosto, mas em troca me olhava com freqüência enquanto rezava. Era quase como se estivesse enfadado comigo, por não lhe ter dirigido a palavra naquela ocasião e como se por aquele intento tivesse contraído realmente a obrigação de falar-lhe. Acreditei notar que sorria quando depois de um sermão e, sempre seguindo a gorota, tropecei com ele na penumbra.

Claro que tal obrigação de falar-lhe não existia, e tampouco tinha eu desejos de fazê-lo. Uma vez cheguei à praça da igreja quando o relógio dava já as sete, a garota fazia pouco tempo que se fora; apenas aquele homem se contorcia próximo à amurada do altar. Ainda vacilei um instante, mas por fim deslizei de mansinho até a saída, dei uma moeda ao mendigo cego ali sentado, e me acocorei junto dele, atrás da porta aberta. Gozei por antecipação, durante meia hora, da possível surpresa do suplicante. Mas a alegria passou. Com desgosto suportei as idas e vindas das aranhas sobre minhas pernas e o desprazer de fazer reverências cada vez que alguém saía, respirando fundo, da obscuridade da igreja.

Finalmente veio. O tanger dos grandes sinos que começara há instantes perturbava-o evidentemente. Via-se obrigado a tatear ligeiramente o solo com as pontas dos pés antes de pisar.

Levantei-me, dei um grande passo adiante e o segurei com força. "Boas-noites" disse e agarrando-o pelo pescoço o empurrei pela escada até a praça iluminada.

Quando chegamos embaixo voltou-se, enquanto eu seguia segurando-o por trás, de modo que agora estávamos peito contra peito.

— Solte-me! — disse — não sei o que suspeita, mas sou inocente. — E depois repetiu — Não sei o que suspeita.

— Não se trata de suspeitas nem de inocências. Rogo-lhe não falar mais disso. Somos estranhos, nossa relação de amizade é mais breve que a escadinha da igreja. Aonde iríamos parar se em seguida começássemos a falar de nossa inocência?

— Completamente de acordo — disse ele. — Além do mais, dizia você "nossa inocência"; queria significar com isso que desde que eu tivesse demonstrado minha inocência você demonstraria a sua? Queria significar isso?

— Isso ou outra coisa — disse. — Mas lembre-se que apenas lhe dirigi a palavra para perguntar-lhe algo.

— Queria ir para casa — disse ele e iniciou um fraco movimento.

— Já o acredito! Para que lhe falei então? Ou julga que lhe dirigi a palavra pela sua linda cara?

— Bastante franco, hein?

— Devo repetir-lhe que não se trata disso? Que tem de ver aqui a franqueza? Eu pergunto, você responde e depois, adeus. Por mim pode ir-se depois para sua casa, e voando.

— Não seria melhor que nos encontrássemos em outra ocasião? Em uma hora mais apropriada, em um café, por exemplo? Além disso, sua senhorita noiva foi-se faz apenas uns minutos, poderia alcançá-la; a pobre esperou tanto tempo...

— Não — gritei em meio ao estrépido do trem que passava. — Você não me escapa. Agrada-me cada vez mais. Você é uma verdadeira pesca milagrosa. E felicito-o por isso.

Então disse:

— Por Deus! Você tem, como se costuma dizer, um coração sadio e uma cabeça de uma só peça. Chama-me pesca milagrosa. Que feliz você deve ser! Porque a minha infelicidade é uma infelicidade instável; quando é tocada cai sobre quem formulou a pergunta. Boas noites!

— Bem — disse eu, e apoderei-me de sua mão direita de surpresa. — Se não responde voluntariamente, obriga-lo-ei. Segui-lo-ei onde quer que vá, à direita e à esquerda, subirei a escada até a sua morada, e ali me sentarei em qualquer parte. É inútil que me olhe assim, porque eu o farei. — E me aproximei ainda mais, até falar quase junto ao seu pescoço, pois era uma cabeça mais alta do que eu. — De onde tirará coragem para me impedir?

Então, retrocedendo, beijou-me alternadamente ambas as mãos e as umedeceu com suas lágrimas.

— Não posso negar-lhe nada. Assim como você sabia que eu desejava ir para casa, sabia eu, e desde muito tempo antes, que não lhe poderia negar nada. Mas, por favor, entremos nesta rua lateral.

Assenti e o segui. Um coche separou-nos, ficando eu atrás, e ele agitou ambas as mãos para que eu me apressasse.

Mas não se conformou com a obscuridade do beco, onde os faróis estavam muito separados e quase à altura do primeiro andar, mas me conduziu ao saguão de uma casa antiga, sob uma lamparina, que pendia reçumante no começo da escada de madeira.

Estendeu o seu lenço sobre o vão de um degrau estropiado e me convidou a sentar-me:

— Sentado pode perguntar melhor; eu fico de pé; de pé posso responder melhor. Mas não me torture.

Já que tomava o assunto com tanta seriedade, sentei-me, mas disse:

— Você conduz-me a este buraco como se fôssemos conspiradores, quando na realidade eu estou ligado a você apenas pela curiosidade e você a mim apenas pelo temor. No fundo, a única coisa que quero é perguntar-lhe porque reza assim na igreja. Que modo de se comportar! Parece um louco! Que ridículo, que desagradável para os espectadores e que insuportável para os crentes!

Havia apertado o corpo contra a parede; apenas movia livremente a cabeça.

— Nada mais errôneo, pois os crentes consideram natural minha conduta, e os demais a consideram devota.

— Meu desgosto prova o contrário.

— Seu desgosto, supondo-se que se trate de um desgosto verdadeiro, apenas revela que você não está entre os devotos nem entre os demais.

— Você tem razão; exagerei um pouco ao dizer que seu comportamento me desgostara; não, despertou em mim curiosidade como lhe disse a princípio. Mas você, entre os quais se inclui?

— Apenas me diverte que as pessoas me olhem e, por assim dizer, atirar de vez em quando uma sombra sobre o altar.

— Diverte-o? — disse e enrugou-se-me o rosto.

— Bem, não, se lhe interessa saber, não é esse o caso. Não se aborreça porque me expressei mal. Não, não me diverte; é uma necessidade para mim. Necessidade de fazer-me golpear por estes olhares durante uma curta hora, enquanto toda a cidade ao meu redor...

— Que me diz! — exclamei com demasiada ênfase para tão insignificante observação e para um passinho tão pequeno, mas logo temi emudecer o que me enfraqueceria a voz. — Realmente, que diz você? Por Deus! adivinhei desde o princípio o estado em que se achava. Não é essa febre, esse enjôo em terra firme, uma espécie de lepra? Não percebe como, se por um excesso de zelo não pudesse conformar-se com os verdadeiros nomes. Esse álamo dos campos que você chamou "a eles, e se visse obrigado a derrubar sobre elas apressadamente uma quantidade de nomes casuais? Rápido, rápido! mas apenas se afasta já tornou a esquecer os nomes. Esse álamos dos campos que você chamou "a Torre de Babel", porque não queria saber que era um álamo, oscila de novo sem nome e você precisa batizá-lo: "Noé, quando estava ébrio!"

Interrompeu-me:

— Alegro-me de não entender o que você diz.

Excitado, disse eu com pressa:

— Ao dizer que se alegra, demonstra que entendeu.

— Não lhe disse? A você não se pode negar nada.

Pus as mãos no degrau mais alto, recostei-me para trás e nessa posição quase inexpugnável, que constitui a última salvação dos lutadores, perguntei:

— Dispense, mas não creio que seja de luta franca voltar a atirar-me as explicações que acabo de dar.

Com isto se animou. Juntou as mãos para comunicar harmonia ao corpo e disse:

— Desde o princípio você excluiu as discussões sobre a franqueza. E, na verdade, a única coisa que me importa é fazê-lo compreender minha maneira de rezar. Sabe agora por que rezo assim?

Punha-me à prova. Não, não o sabia nem o queria saber. Então me confessei que tampouco havia querido vir aqui, mas ele quase me obrigara a escutá-lo. De modo que apenas necessitava sacudir a cabeça para que tudo estivesse bem, mas isso era precisamente o que não podia fazer no momento.

Ele sorria; depois acocorou-se até ficar quase de joelhos e me explicou com ar sonolento:

— Por fim agora posso confiar-lhe que foi o que me levou a permitir-lhe que me falasse: a curiosidade, a esperança. Há muito que o seu olhar me consola. E espero saber por você algo das coisas que se fundem ao redor de mim como uma nevada, enquanto que para outros um simples copo de aguardente sobre a mesa constitui por si só algo tão sólido como um monumento.

Como se eu calasse — apenas cruzou pelo meu rosto um involuntário estremecimento — perguntou:

— Não acredita que a outros acontece o mesmo? Realmente não? Escute, portanto; certa vez sendo muito criança, ao abrir os olhos, depois de uma breve sesta, ouvi, ainda aturdido pelo sono, que minha mãe perguntava do balcão em tom natural: "Que faz você querida? Que calor!" Uma senhora respondeu do jardim: "Gozo entre as plantas!" Diziam-no sem pensar e não muito claramente, como se aquela senhora tivesse esperado a pergunta e minha mãe a resposta.

Eu julgava que ele também me perguntava algo, pelo que levei a mão ao bolso posterior da calça, como se procurasse algo. Mas não procurava nada, apenas queria mudar o meu aspecto exterior, para demonstrar o interesse que tinha a conversa. Entretanto, disse que o acontecimento era estranho e que não o compreendia. Acrescentei que não acreditava que fosse verdadeiro, que provavelmente tinha sido inventado com algum fim deliberado que me escapava à percepção. Depois fechei os olhos, cansados pela deficiente iluminação.

— Vê? Anime-se; pelo menos uma vez as nossas opiniões coincidem e me deteve generosamente para dizer-mo. Perco uma esperança e ganho outra.

— Não é verdade? Havia de me envergonhar porque não ando erguido e dando grandes passos, porque não bato o pavimento com o bastão e não roço o vestido da gente que passa buliçosamente? Pelo contrário, não teria direito a queixar-me por ter que ir saltando ao longo das casas como uma sombra ilimitada e porque às vezes desapareço atrás dos vidros das redomas?

— Que dias devo suportar! Por que estará tudo tão mal construído? Altas casas desmoronam-se às vezes sem que se possa encontrar motivo visível. Subo depois pelos montões de escombros e pergunto a todos que encontro: "Como pôde acontecer isto? Uma casa nova! Em nossa cidade! Quantas já foram? Imagine-se." E ninguém pode responder-me.

Freqüentemente cai alguém na rua e permanece no local, morto. Então todos os comerciantes abrem suas portas, atopetadas de mercadorias em exibição, aproximam-se ágeis, entram com o morto em uma casa, retornam com um sorrisinho ao redor da boca e dos olhos, e começa a glosa: "Bons dias... o céu está descolorido... vendo muitos lenços... sim, a guerra". Eu entro correndo na casa e depois de levantar várias vezes a mão e encurvando um dedo temerosamente bato por fim à janelinha do porteiro: "Bons dias — digo — tenho a impressão de que há pouco tempo trouxeram aqui a um homem morto. Poderia ser-me amável em mostrá-lo?" E quando ele move a cabeça como se não pudesse resolver-se, acrescento: "Tenha cuidado! Sou da polícia secreta e quero ver o morto imediatamente". Sua indecisão desapareceu: "Fora! — grita — esta gentinha acostumou-se a se arrastar todos os dias por aqui. Aqui não há nenhum morto. Talvez na casa do lado". Eu saúdo e me vou.

Mas depois, quando tenho de atravessar uma grande praça, esqueço tudo. Se se constróem praças tão grandes por puro capricho, por que não as provêm de uma galeria para atravessá-las? Hoje sopra vento do sudoeste. A agulha da torre do ajuntamento traça pequenos círculos. Todos os vidros das janelas vibram e os postes de iluminação se dobram como bambus. O manto da virgem sobre a coluna se retorce e o vento a envolve. Não o vê ninguém? Os cavaleiros e as damas que deviam andar sobre as pedras, flutuam. Se o vento pára, detêm-se, falam-se, inclinam-se e se saúdam; mas se aumenta não podem resistir-lhe e todos levantam simultaneamente os pés. Certamente devem segurar os chapéus, mas bailam-lhes os olhos e não têm nada que objetar ao tempo. Apenas eu tenho medo. Então pude dizer: "Não acho nada de particular na história que me contou de sua mamãe e a mulher do jardim. Não apenas porque escutei muitas deste tipo, mas também porque inclusive intervi em algumas. É inteiramente natural. Não julga que se eu estivesse no verão nesse balcão não teria podido perguntar o mesmo ou responder o mesmo do jardim? O acontecimento era na realidade muito comum".

Finalmente, quando eu disse isto, pareceu tranqüilizado. Disse que eu estava bem vestido, que lhe agradava minha gravata. E que tinha uma pele muito fina. Acrescentou que as confissões eram mais claras quando alguém podia retratar-se delas.

c) História do suplicante

Depois sentou-se ao meu lado, pois eu, confundido, lhe fizera lugar, ladeando a cabeça. Contudo, não deixava de perceber que ele também estava perturbado e que procurava conservar entre ele e eu uma certa distância. Disse com esforço:
— Que dias estou passando!
Ontem à noite estive em uma reunião. Inclinava-me, à luz do gás, frente a uma senhorita a quem dizia: "Alegra-me realmente que se aproxime o inverno..." Precisamente me inclinava dizendo estas palavras, quando notei com desgosto que tinha deslocado uma perna e que a rótula também se tinha afrouxado um pouco.
Sentei-me, e já que sempre procuro controlar as minhas frases, disse: "Por que o inverno é menos penoso, pode-se andar com mais desenvoltura, não é preciso esforçar-se tanto com as palavras. Não é assim, estimada senhorita? Creio que tenho razão neste ponto". Entretanto me incomodava com a perna direita. A princípio acreditava que se tinha deslocado por completo, apenas pouco a pouco, apertando-a e com massagens adequadas, pude arrumá-la um tanto.
A garota, que por solidariedade se tinha também sentado, disse em voz baixa:
— Não; você não me impressiona absolutamente, porque...
— Espere — disse satisfeito e esperançoso. — Você não deve desperdiçar nem cinco minutos em conversar comigo, estimada senhorita. Coma, por favor, entre palavra e palavra.
Estendi os braços e pequei um grosso cacho de uvas de uma fonte suspensa por um alado efebo de bronze, levantei-o um pouco e depois o depositei em um pratinho de borda azul. Com movimento talvez não isento de elegância, empurrei-o para a jovem.
— Não me impressiona em absoluto — disse ela — tudo o que você diz é tedioso e incompreensível, sem ser verdadeiro. O que eu creio, senhor, (por que sempre me diz esti-

mada senhorita?), o que eu acredito é que você não se ocupa da verdade porque exige grandes esforços.
Suas palavras me encantaram.
— Sim, senhorita, sim — gritei quase. — Quanta razão tem! É uma felicidade ser compreendido assim sem ter-se proposto a isto.
— Porque a verdade é muito pesada para você, senhor; olhe o aspecto que tem; você está recortado ao longo em papel de seda; papel de seda amarelo, como uma silhueta, e quando caminha devem-se ouvir os estalidos. Por isso seria injusto tomar muito a sério suas posturas ou opiniões, porque você não tem mais remédio que dobrar-se segundo a corrente de ar que há na residência.
— Não o compreendo. Rodeiam-nos umas tantas pessoas que deixam cair os braços sobre os encostos das cadeiras ou se apóiam no piano ou que, indecisas, levam o copo aos lábios, ou vão temerosas à sala contígua, e depois de bater na obscuridade o ombro esquerdo contra um caixão, respiram frente à janela aberta e pensam: "Ali está Vênus, o luzeiro vespertino". E eu faço parte desta reunião. Mas não sei se tem algum sentido, não o acho. Mas não sei nem mesmo se tem algum sentido... E veja você, querida senhorita, entre toda esta gente que, respondendo à sua própria vacuidade, se comporta de forma tão indecisa e até ridícula, apenas eu pareço digno de escutar um juízo completamente claro sobre a minha pessoa. E para que até isto tenha algo de agradável, você o exprime com fleuma, para dar a entender que alguma coisa se salva, como acontece com as paredes de um edifício destruído por dentro por um incêndio. O olhar apenas encontra obstáculos; pelos amplos buracos das janelas vêem-se de dia as nuvens e de noite as estrelas. Mas freqüentemente as nuvens parecem talhadas em pedra cinzenta e as estrelas formam desenhos sobrenaturais... Que tal, se em agradecimento confiasse a você que virá um tempo em que todos os que queiram viver terão um mesmo aspecto que eu; recortados em papel de seda amarelo, em forma de silhuetas (como você fez notar) e quando caminharem se ouvirá seu estalido? E você não será diferente do que é agora, mas terá esse aspecto, querida senhorita...
Percebi que a garota já não estava sentada a meu lado. Provavelmente, tinha partido depois de suas últimas palavras, pois agora a via, não distante de mim, próximo de uma

janela, rodeada por três jovens que falavam, rindo do alto de seus brancos pescoços.

Cheio de alegria bebi um copo de vinho e aproximei-me do pianista, que completamente isolado e cabeceando, tocava algo triste. Inclinei-me cuidadosamente sobre seu ouvido, para não assustá-lo, e disse em voz baixa:

— Tenha a amabilidade, estimado senhor, de permitir-me tocar agora, porque estou prestes a ser feliz.

Como parecia não me escutar, fiquei um instante confuso, de pé, mas depois, sobrepondo-me à minha timidez, percorri um a um os grupos de convidados e lhes disse:

— Esta noite tocarei o piano.

Todos pareciam saber que eu não podia fazê-lo, mas sorriam com amabilidade porque havia interrompido agradavelmente suas conversações. Mas apenas prestaram realmente atenção quando disse ao pianista, em voz alta:

— Tenha a amabilidade, estimado senhor, de permitir-me tocar agora. Estou prestes a ser feliz. Trata-se de festejar um triunfo.

O pianista, se bem deixou de tocar, não parecia compreender-me e não se moveu de seu banco cor castanha. Suspirou e cobriu o rosto com os longos dedos.

Compadeci-me dele, e ia instar para continuar tocando, quando se aproximou a dona da casa com outras pessoas:

— Que casualidade! — diziam e soltavam o riso como se eu fosse empreender alguma coisa inaudita.

A jovem também se aproximou, olhou-me depreciativamente e disse:

— Por favor, senhora, deixe-o tocar. Talvez queira contribuir assim para o entretenimento de todos. É digno de aplauso. Rogo-lhe, senhora.

Todos se riram porque, evidentemente, acreditavam, como eu, que essas palavras tinham sentido irônico. Apenas o pianista estava mudo. Mantinha a cabeça baixa e passava o indicador da mão pela madeira do banco como se desenhasse na areia. Eu tremia, e para ocultá-lo, meti as mãos nos bolsos da calça. Não podia já falar com clareza porque todo meu rosto queria chorar. Por isso tinha que escolher as palavras de tal modo que a idéia de que queria chorar parecesse ridícula aos meus ouvintes.

— Senhora — disse — tenho de tocar agora, porque...

Como esquecera o motivo, sentei-me inopinadamente ao piano. Então voltei a compreender minha situação. O pianista se ergueu e passou delicadamente por cima do banco, pois eu lhe fechava o caminho.

— Apague a luz, por favor, somente posso tocar na obscuridade.

Eu me incorporei.

Dois cavalheiros levantaram o banco e me levaram erguido até a mesa, enquanto assobiavam uma canção e me imobilizavam ligeiramente.

Todos pareciam entusiasmados e a senhorita disse:

— Viu, senhora? Tocou muito bem. Eu já o sabia. Viu como seu medo era infundado?

Compreendi e agradeci com uma reverência que executei corretamente.

Foi-me servida limonada, e uma senhorita de lábios vermelhos me segurou o copo para que bebesse. A dona da casa trouxe-me bolos em uma bandeja de prata e uma garota de vestido inteiramente branco introduziu-mos na boca. Uma exuberante jovem de cabelo ruivo segurava um cacho de uvas que eu não precisava senão arrancar; ela olhava-me nos olhos, que a evitavam. Como me tratavam tão bem, surpreendeu-me que todos, unanimemente, me retivessem quando pretendi aproximar-me outra vez do piano.

— Já é suficiente — disse o dono da casa, cuja presença não havia notado. Saiu e voltou imediatamente com um descomunal chapéu de copa e um sobretudo florido de cor castanho acobreado. — Aí tem suas coisas.

Realmente, não eram minhas coisas, mas não queria dar-lhe o aborrecimento de sair de novo. Ele mesmo me ajudou a pôr o sobretudo, que me assentava perfeitamente, ainda que fosse talvez um pouco estreito, apesar de minha magreza. Uma dama de rosto benévolo mo abotoou, e ao fazê-lo, foi se inclinando insensivelmente.

— Passe bem — disse a dona da casa — e volte sempre. Sua visita será sempre grata. — Todos se inclinaram como se isso fosse indispensável. Eu o tentei também, mas o sobretudo mo impedia. Então tomei o chapéu e, creio que desajeitadamente, encaminhei-me para a porta.

Mas quando com passos curtos cruzei a porta da rua, a grande concavidade do céu com a lua e as estrelas, a praça do Ajuntamento, a coluna da Virgem e a igreja caíram-me em cima.

Passei tranqüilamente da sombra ao claro da lua, desabotoei o sobretudo e procurei esquentar-me; depois levantando as mãos, fiz calar o rumor da noite e comecei a refletir: "Quê? Finges que existes? Pretendes fazer-me acreditar que sou irreal, comicamente plantado no verde pavimento? Contudo, há muito tempo já deixaste de ser real, ó céu, e tu, praça, não o foste nunca.

— Concedo-vos que ainda sois superiores a mim, mas apenas quando vos deixo em paz.

"Graças a Deus, lua, já não és a lua, mas talvez apenas por negligência continuo a chamar-te lua, como te chamavas antes. Por que diminui teu orgulho quando te chamo esquecido farolzinho japonês de cor estranha? E por que estás a ponto de te retirares quando te chamo Coluna de Maria? E por que já não reconheço tua atitude ameaçadora, Coluna de Maria, quando te chamo: Lua, que irradia luz amarela?

"Creio, na verdade, que não vos quadra bem que alguém faça reflexões sobre vós; diminui o vosso ânimo e vossa saúde.

"Grande Deus, que benéfico seria se o contemplativo aprendesse com o ébrio!"

Por que tudo se calou? Creio que já não há vento. E as casinhas que amiúde deslizam pela praça como sobre rodinhas, se embaraçaram. Silêncio, silêncio... nem mesmo se vê o fino traço negro que comumente as separa do solo.

Deitei a correr. Sem dificuldade, dei três voltas na praça, e como não achei nenhum ébrio, dirigi-me sem diminuir a rapidez e sem experimentar cansaço, para o beco Carlos.

Minha sombra acompanhava-me e às vezes corria sobre o muro, menor do que eu, como se se tivesse metido em uma fenda entre a parede e a rua.

Ao passar pelo Quartel de Bombeiros ouvi ruído em direção à pequena praça, e ao dobrar ali, vi um bêbado parado junto à grade da fonte, os braços em posição horizontal e batendo no chão com os pés calçados com tamancos de madeira.

Detive-me para recuperar o leito; depois me aproximei dele, tirei o chapéu de copa e disse, apresentando-me:

— Boas noites, terno cavalheiro; cheguei aos vinte e três anos mas ainda não tenho nome. Mas você com certeza vem com um nome assombroso e musical dessa grande cidade chamada Paris. O sobrenatural perfume da frívola corte de França o invade.

"Com toda certeza você com seus olhos coloridos viu essas grandes damas, que estão paradas sobre o alto e amplo terraço, girando ironicamente sobre seu talhe estreito, enquanto a extremidade da cauda pintada, estendida amplamente também sobre a escada, jaz ainda na areia do jardim. Não é certo que uma multidão de criados, de fraques cinzentos de corte atrevido e calça branca, trepam por longos varapaus, distribuídos por todas as partes, e com as pernas ao redor dos postes, o torso freqüentemente atirado para trás e até o costado, devem puxar grossas cordas para içar e estender no alto gigantescas lonas cinzentas, porque a senhora deseja uma manhã de neblina?

Arrotou, e disse alarmado:

— Realmente, é verdade que você vem, senhor, de nosso Paris, do turbulento Paris, dessa saraivada de entusiasmo?

Quando tornou a arrotar, disse com embaraço:

— Sei que se me apresenta uma grande honra.

Com ágeis dedos abotoei o sobretudo e disse com fervorosa timidez:

— Já sei, senhor, que não me julga digno de uma resposta, mas se eu hoje nada lhe perguntasse, teria de levar uma existência demasiado triste.

"Rogo-lhe, portanto, elegante cavalheiro, me diga se é verdade o que me contaram. Há pessoas em Paris que não têm senão roupas enfeitadas e existem ali casas que apenas têm portais? E é verdade que nos dias de verão o céu sobre a cidade é fugitivamente azul, apenas adornado com brancas nuvenzinhas aplicadas, todas em forma de coração? E que existe ali um local muito freqüentado, em que apenas existem árvores e tabuínhas com os nomes dos mais célebres heróis, delinqüentes e amantes?

"E depois ainda esta notícia, evidentemente falsa, não é mesmo? de que as ruas de Paris se ramificam de repente, inquietas. Que nem sempre tudo está em ordem? Mas claro, como poderia estar? Acontece de vez em quando um acidente, a gente se reúne saindo das ruas laterais, com esse passo urbano que apenas roça o pavimento; todos sentem curiosidade, mas ao mesmo tempo temem ser enganados; respiram com pressa e adiantam suas cabecinhas. Mas se chegam a chocar entre si, fazem profundas reverências e pedem perdão: 'Sinto muito... foi sem querer... há muita gente, desculpe, por favor... que desastrado sou... reconheço-o. Meu nome é... meu nome é Jerome Faroche, comerciante em especiarias da rua de Cabotin... permita-me que o convide a almoçar amanhã... minha senhora ficará encantada...' Assim falam enquanto a rua está imersa em grande confusão e o fumo das chaminés cai sobre as casas. E até seria possível que em um animado quarteirão de um bairro distinto se detivessem dois coches, que os criados abrissem gravemente as portas e oito cachorros-lobos siberianos, de raça, descessem dançando e se lançassem aos saltos através da calçada. E então se diria que são peraltas disfarçados."

O bêbado havia semicerrado os olhos. Quando me calei, meteu ambas as mãos na boca e puxou a mandíbula para baixo. Sua roupa estava manchada; provavelmente o tinham atirado de uma taverna e ainda não o percebera.

Certamente era essa pausa completamente calma entre o dia e a noite, em que a cabeça, sem que alguém se dê conta, pende para a nuca e em tudo, sem que alguém se aperceba, se detém porque não o contemplamos e depois desaparece. Com os corpos arqueados ficamos sós, olhamos em redor, sem ver nada, e não percebemos já a resistência do ar, mas nos aferramos intimamente à lembrança de que a certa distância de nós se erguem edifícios com tetos e chaminés afortunadamente angulosas, pelas quais a obscuridade flui ao interior das casas e passa necessariamente através das trapeiras, antes de chegar aos diversos quartos. E é uma sorte que amanhã seja um dia em que, por mais incrível que pareça, tudo poderá ser visto de novo.

Então o ébrio levantou as sobrancelhas, de forma tal que se viu entre elas e os olhos um fulgor, e explicou com intermitências:

— É assim... tenho sono, pelo que irei dormir... Tenho um cunhado na Praça Wenzel... irei para lá, porque vivo lá, porque lá tenho minha cama... Vai-te agora... Pois apenas não sei como te chamas nem onde vives... parece-me que o esqueci... mas isso não importa, porque nem mesmo sei se tenho um cunhado... Porque agora me vou... Julga você que o encontrarei?

— Certamente — disse sem hesitar. — Mas você vem de longe e seus criados casualmente não estão com você. Permita-me que o acompanhe.

Não respondeu. E lhe ofereci o braço.

d) Prosseguimento da conversa entre o gordo e o suplicante

Mas fazia tempo que procurava despertar-me. Esfregava o corpo e me dizia: "É hora de que fales. Se já estás confundindo. Sentes opressão? Espera. Conheces estas situações. Pensa-o sem pressa! Os que te rodeiam também esperarão.

"Acontece como na reunião da semana passada. Alguém lê algo em voz alta de um texto. Eu mesmo copiei uma folha a seu pedido. Quando vejo a letra que aparece em seguida das folhas escritas por ele, assusto-me. É insuportável. A gente se inclina sobre elas dos três lados da mesa. Juro chorando que não é a minha letra.

"Mas por que havia de parecer-se ao de hoje? Apenas depende de ti que se origine uma palestra limitada. Tudo está em paz. Faz um esforço, querido!... Já acharás uma objeção... Podes dizer: "Tenho sono... Dói-me a cabeça. Adeus. Com que, rápido, rápido! Faz-te notar. Que é isso? Outra vez obstáculos e obstáculos? Que lembras?... Lembro uma alta planície que se elevava contra a grandeza do céu como um escudo da terra. Vi-a de uma montanha e preparei-me para atravessá-la. Comecei a cantar".

Meus lábios estavam secos e desobedientes quando eu disse:

— Não será possível viver de outra forma?

— Não — disse ele, sorrindo, interrogador.

— Mas por que reza à tarde na igreja? — perguntei então, enquanto se desmanchava entre nós tudo quanto eu havia assinalado como entre sonhos.

— Não, por que haveríamos de falar disso? Ao anoitecer, ninguém que viva só é responsável. Há muitos temores. Que se desvaneça a corporeidade, que os homens sejam realmente como parecem ao crepúsculo, que não se possa andar sem bengala, que talvez fosse conveniente ir à igreja e rezar a gritos, para ser olhado e obter corpos.

Como falasse assim e depois se calasse, tirei do bolso meu lenço vermelho e chorei dobrado sobre mim mesmo.

Pôs-se de pé, me beijou e disse:

— Por que choras? És alto, e isso me agrada; tens mãos grandes que quase se conduzem segundo tua vontade. Por que não te alegras por isto? Usa sempre bordos escuros nas mangas, to aconselho... Não... acaricio-te e continuas chorando? Contudo, suportas com bastante boa-vontade esta dificuldade da vida.

"Construímos máquinas de guerra no fundo inúteis, torres, muralhas, cortinas de seda e, se tivéssemos tempo, poderíamos assombrar-nos disso. E mantemo-nos em suspenso, não caímos, batemos as asas apesar de sermos mais repelentes que morcegos. E já quase ninguém nos pode impedir que num dia formoso digamos: 'Grande Deus, hoje é um dia formoso', pois já estamos instalados em nossa terra e vivemos conformados a ela e a nós mesmos.

"Porque somos como troncos tombados na neve. Parecem apoiar-se ligeiramente e se deveria poder deslocá-los com um puxão. Mas, não, não se pode, pois estão fortemente unidos ao solo. Mas olha, até isso é apenas aparente.

As reflexões contiveram minhas lágrimas.

— É noite, e ninguém poderá atirar-me em cara amanhã o que possa dizer agora, porque pode ter sido dito em sonhos.

Depois disse:

— Sim, é isso. Mas de que falávamos? Não podíamos falar da iluminação do céu, pois estamos nas profundezas de um saguão. Não... contudo, teríamos podido falar disso, porque, não somos por acaso completamente independentes em nossa palestra? Pois não procuramos nem fim nem verdade, mas apenas diversão e espairecimento. Mas, não poderia contar-me de novo a história da senhora do jardim? Que admirável, que sábia é esta mulher! Devemos proceder conforme o seu exemplo! Como me agrada! E além do mais está bem que eu me encontrasse com você e o segurasse. Foi para mim um grande prazer conversar com você. Ouvi algumas coisas que (talvez deliberadamente) ignorava. Alegro-me.

Parecia satisfeito. Embora o contato com um corpo humano me é desagradável, tive de abraçá-lo.

Depois saímos do saguão e enfrentamos o céu. Meu amigo acabou de dispersar com o alento algumas nuvens já desfeitas, e ofereceu-se-nos a ininterrupta extensão das estrelas. Ele caminhava penosamente.

4. AFUNDAMENTO DO GORDO

Então a velocidade o envolveu todo e o empurrou para longe. A água do rio foi atraída a um precipício, quis recuar, vacilou no barranco que desmoronava e se despenhou em fragmentos e fumo.

O gordo não pôde continuar falando, teve que girar e desaparecer no fragor da catarata.

Eu, que assistira a tantos entretenimentos, vi tudo da margem. "Que podem fazer os nossos pulmões", gritei. "Se respiram apressadamente se asfixiam em seus próprios venenos; se com lentidão, morrem por causa do ar irrespirável, por culpa das coisas em rebelião. Mas se procuram encontrar o seu próprio ritmo, então é essa busca que os mata".

Entretanto, as margens do rio separavam-se desmedidamente, e contudo eu tocava com a palma da mão o ferro de um marco miliário empequenecido pela distância. Não o entendia muito bem. Eu era pequeno, quase menor que do costume; um rosal silvestre de flor branca era mais alto do que eu. Sabia-o porque pouco antes havia estado ao meu lado. E contudo me enganara, já que se meus braços eram tão longos como as grandes nuvens avantajavam-lhes em rapidez. Não sabia por que queriam esmagar minha pobre cabeça.

Esta era minúscula como uma ninfa de formiga e estava um pouco deteriorada, além de que não era perfeitamente redonda. Efetuava com ela giros implorantes, portanto, por serem meus olhos tão pequenos, não se teria notado o que queriam exprimir.

Mas minhas pernas, minhas impossíveis pernas jaziam acima das montanhas do bosque e projetavam sua sombra nos vales aldeões. Cresciam! Já chegavam ao espaço carente de paisagem, além do meu alcance visual.

Mas não; sou pequeno, pequeno por enquanto; rodo, rodo, sou um alude. Rogo-vos, ó vós, os que passai, que sejais amáveis e me dizeis quão grande sou; medi estes braços e estas pernas. Rogo-vos.

III

— Rogo-lhe — disse meu companheiro que voltava comigo da reunião e que andava tranqüilamente ao meu lado por um caminho do Monte Laurenzi — detenha-se um pouco para que eu possa pôr em ordem as minhas idéias. Tenho algo que fazer. Mas é tão cansativo... esta noite fria e radiante, mas este vento descontente, que por instantes até parece mudar a colocação daquelas acácias.

A sombra lunar da casa do jardineiro estava estendida através do caminho ligeiramente abobadado, adornada com ribetes de neve. Quando percebi o banco junto à porta, assinalei-o com a mão, pois não era valente e esperava exprobrações, pelo que me pus a mão esquerda sobre o peito.

Sentou-se desgostoso, sem preocupar-se com suas formosas roupas, e me espantou o fato de apertar os cotovelos contra as cadeiras e apoiar a fronte sobre os dedos crispados.

— Agora quero dizer isto. Vivo ordenadamente, sabe? Não há nada que objetar. Tudo o que é necessário e reconhecido, acontece. A infelicidade, habitual na sociedade que freqüento, não me respeitou como comprovamos com satisfação e eu mesmo e todos os que me cercavam; e tampouco esta ventura geral se retraiu e eu mesmo poderia falar dela nas pequenas reuniões. Bem, nunca estive enamorado de verdade. Lamentava-o às vezes, mas quando precisava delas, usava aquelas expressões. Agora, em troca, tenho de admitir: sim, estou apaixonado, e provavelmente arrebatado pela paixão. Sou um amante fogoso, como os querem as garotas. Mas, não devia ter considerado que justamente esta deficiência anterior originava uma mudança excepcional e jocosa, sumamente jocosa, em minha situação?

— Calma, calma, — disse, indiferente, apenas pensando em mim. — Sua amada é formosa, como ouvi.

— Sim, é formosa. Junto a ela apenas pensava: "Esta audácia... e eu sou tão ousado... faço uma viagem por mar... bebo litros e litros de vinho. Mas quando ri não mostra os dentes como seria de esperar, mas apenas se pode ver a obscura, estreita, arqueada cavidade da boca. Isso lhe dá um aspecto astuto e senil, ainda que ao rir atire a cabeça para trás".

— Não posso negá-lo — disse entre suspiros. — Provavelmente eu também o vi, pois deve ser notável. Mas não é apenas isso. A beleza das moças em geral! Amiúde ao contemplar os vestidos com pregas e laços que caem vistosamente, penso que não se conservarão assim por muito tempo, que se formarão rugas que ninguém poderá alisar, que o pó se alojará, pertinaz, nos adornos; penso que ninguém desejaria oferecer o espetáculo triste e ridículo de pôr-se de manhã e tirar-se de noite, diariamente, o mesmo custoso vestido. Contudo, vejo moças que apesar de serem formosas e exibir atraentes músculos e ossinhos, peles esticadas e grandes massas de cabelo sedoso, aparecem diariamente com este disfarce natural, apóiam sempre o mesmo rosto na mão e contemplam idêntica face ao espelho. Apenas às vezes, de noite, quando regressam de alguma festa, lhes parece, ao olhar-se no espelho, ser um rosto gasto, inchado, por todos visto e apenas tolerável.

— Muitas vezes, enquanto caminhávamos, lhe perguntei se a garota lhe parecia linda; mas você sempre se voltou, sem responder-me. Diga-me tem más intenções? Por que não me consola?

Firmei meus pés na sombra e disse atentamente:

— Você não precisa consolo. Você é amado.

E para não resfriar-me, cobri minha boca com meu lenço estampado de uvas azuis.

Agora voltou-se para mim e apoiou sua grossa cara contra o baixo encosto do banco:

— Sabe? Na verdade, ainda tenho tempo, ainda posso cortar este amor nascente com uma infâmia, uma infidelidade ou com uma viagem a um país distante. Porque, realmente, duvido, não sei se devo deixar-me arrastar por este torvelinho. Nisto não há nada seguro; ninguém pode precisar o rumo e a duração. Quando entro em uma taverna para embriagar-me, sei que esta noite estarei ébrio. Mas em meu caso! Dentro de uma semana queremos fazer uma excursão com uma família amiga, isso já supõe quinze dias de agitação para o coração. Os beijos desta noite me adormecem, para deixar espaço para sonhos ilimitados. Eu me rebelo, faço um passeio noturno; movo-me continuamente, meu rosto fica gelado e arde como se o golpeasse o vento, devo tocar continuamente uma cinta rosa que levo no bolso, sinto grandes temores por mim, sem poder enfrentá-los, e até suporto a você, senhor meu, enquanto que em outra ocasião seguramente não falaria tanto com você.

Eu sentia muito frio e o céu já se inclinava um pouco para uma coloração esbranquiçada.

— Nenhuma infâmia, nenhuma infidelidade, nenhuma viagem a um país distante servirá para isto. Terá que se matar. — disse, e sorri também.

Em frente, no outro lado da avenida, havia dois arbustos e, atrás deles, achava-se a cidade. Ainda estava um pouco iluminada.

— Bem — gritou e golpeou o banco com seu punho sólido, mas em seguida voltou a deixá-lo quieto. — Contudo, você vive. Você não se mata. Ninguém o ama. Você não consegue nada. Nem mesmo dominar o próximo instante. Por isso fala assim, homem vulgar. Não pode amar; nada o agita fora do medo. Olhe, olhe meu peito.

Abriu rapidamente o abrigo, o colete e a camisa. Seu peito era realmente amplo e formoso.

Eu comecei a sussurrar:

— Sim, às vezes sobrevêm situações rebeldes. Este verão, por exemplo, estive em um povoado, às margens de um rio. Recordo-me perfeitamente. Freqüentemente acocorava-me em um barco da margem. Na ribeira havia um recreio. Amiúde tocavam o violino. Reunia-se ali gente forte e jovem, que bebia cerveja ao ar livre; falavam de caça e de aventuras. Além disso, atrás da outra margem surgiam montanhas em forma de nuvens...

Levantei-me, a boca debilmente retorcida, e detive-me no céspede, atrás do banco; quebrei também alguns ramos cobertos de neve. Disse ao ouvido de meu companheiro:

— Estou comprometido; reconheço-o.

Não se assombrou de que me tivesse erguido. "Você está comprometido?" Dava a impressão de estar muito fraco, como se apenas o sustentasse o encosto. Tirou o chapéu e vi seu cabelo cuidadosamente penteado e perfumado, que terminava na nuca em linha curva e exata, tal como se usava nesse inverno.

Alegrei-me por ter-lhe respondido de forma tão inteligente. "Sim — disse a mim mesmo — eis aqui um homem que se move a seu lado nas reuniões, ágil a língua e livres os braços. Pode conduzir uma dama através de um salão e conversar amavelmente com ela sem que o preocupe que fora chova ou que exista um tímido ou que aconteça qualquer outra coisa lamentável. Sim, inclina-se graciosamente diante das damas. Aí está agora."

Passou um lenço de cambraia de linho pela fronte.

— Ponha-me a mão na fronte — disse. — Rogo-lhe.

Não me apressei a satisfazê-lo e então cruzou as mãos.

Como se nossa dor obscurecesse tudo, falávamos no alto da montanha como em uma pequena sala, apesar da luz, e do vento da manhã. Muito próximos, embora não simpatizássemos, não podíamos separar-nos por impedi-lo as paredes. Mas podíamos conduzir-nos ridiculamente e sem rigidez humana, sem envergonhar-nos diante dos ramos que nos cobriam e as árvores que nos cercavam. Meu companheiro tirou uma navalha, abriu-a pensativo, e como brincando enfiou-a no braço esquerdo; mas não voltou a tirá-la. No ato correu sangue. Suas redondas faces estavam pálidas. Então retirei a faca, cortei com ela as mangas do sobretudo e da jaqueta e rasguei a camisa. Corri um pedaço do caminho procurando auxílio. Toda a ramagem via-se agora nitidamente imóvel. Chupei um pouco a ferida. De súbito, lembrei-me do pavilhão. Subi correndo pelas escadinhas do lado esquerdo, revistei depressa as janelas e portas, chamei furiosamente, embora tivesse notado desde o princípio que a casa estava desabitada. Depois voltei a olhar a ferida, da qual continuava saindo sangue. Molhei o lenço com neve e vendei torpemente o braço.

— Meu caro, — lhe disse — feriste-te por minha causa. Estás em boa posição, cercado de coisas amáveis. Podes passear nos dias luminosos quando muita gente bem vestida circula entre as mesas ou nos caminhos das colinas. Pensa que na primavera podemos ir ao bosque, não, nós não, viajarás tu, com Anita, alegremente... Sim, acredita-me, rogo-te; o sol, brilhando sobre nós, iluminará essa beleza vossa e todos a verão. Há música, os cavalos são ouvidos desde longe, as dores estão demais; a algaravia e os orgãozinhos ressoam nas avenidas.

— Grande Deus! — disse ele. Ergueu-se, e apoiando-se em mim pusemo-nos em marcha. — Já não há salvação. Tudo isso não poderia alegrar-me. Desculpe-me. É tarde? Talvez amanhã tenha algo a fazer. Deus meu!

Um farol, próximo da parede, deitava as sombras dos troncos nos caminhos e sobre a neve, enquanto as sombras da ramagem caíam como quebradas, para o barranco.

DA CONSTRUÇÃO DA MURALHA DA CHINA

A muralha da China foi terminada em seu ponto mais setentrional; avançando de sudeste e de sudoeste uniu-se aqui. Este sistema de construção parcial foi também utilizado em pequena escala dentro de cada um dos grandes exércitos de trabalho, o do oriente e o do ocidente. Para isso se formaram grupos de cerca de vinte trabalhadores que deviam executar uma muralha parcial de uns quinhentos metros; um grupo vizinho saía-lhe ao encontro com outra muralha de igual comprimento. Mas depois que se efetuava a união, não se prosseguia a obra ao final destes mil metros, porém os grupos de trabalhadores eram outra vez enviados a regiões completamente diferentes para a construção da muralha. Naturalmente, ficaram assim numerosos claros que apenas foram preenchidos pouco a pouco, com lentidão, alguns apenas depois de ter-se já proclamado o término da muralha. Ainda mais: diz-se que existem vazios que não foram preenchidos de modo algum, afirmação que, provavelmente, pertence às muitas lendas que se originaram a respeito da construção e que ao menos para o homem isolado não são comprováveis por seus próprios olhos e com seu próprio sentido das proporções.

De início acreditar-se-ia que tivesse sido mais vantajoso em todo sentido construir de modo contínuo ou ao menos continuadamente dentro dos setores principais, já que a muralha, como se sabe e se propala, foi projetada como defesa contra os povos do Norte. Mas, como pode servir à defesa uma muralha construída de modo descontínuo? Com efeito, uma muralha semelhante não somente não pode proteger, porém até a própria obra está em constante perigo. Estes fragmentos de muralha abandonados em regiões desertas, podem ser destruídos com facilidade, uma e outra vez, pelos nômades, sobretudo porque estes, atemorizados pela construção, mudavam de residência com assombrosa rapidez, como lagostas, pelo que, provavelmente, tinham melhor visão de conjunto dos progressos da obra que nós mesmos, seus construtores. Apesar disso, a construção não pôde realizar-se senão do modo como se fez. Para compreender-se isso é preciso considerar o seguinte: A muralha devia converter-se em proteção para todos os séculos; a execução mais minuciosa, a aplicação da sabedoria arquitetônica de todas as épocas e povos conhecidos, o permanente sentido de responsabilidade dos construtores, eram ineludíveis condições prévias para o trabalho. Ainda que para as tarefas inferiores se pudessem utilizar ignorantes jornaleiros do povo, homens, mulheres, crianças, qualquer que se oferecesse por boa paga, já para a orientação de quatro obreiros precisava-se de um homem inteligente, versado na arte da construção, capaz de sentir na profundidade de seu coração do que se tratava. E quão mais elevada a missão, maiores as exigências. Tais homens se achavam realmente disponíveis, talvez não na quantidade que se teria podido empregar nesta obra, porém de qualquer modo em grande número.

O trabalho não tinha sido iniciado com ligeireza. Cinqüenta anos antes de seu início, em toda a China, que devia ser rodeada de muralhas, a arquitetura, e em especial, a alvenaria, declarou-se ciência principalíssima, e tudo o mais se reconheceu apenas no que se vinculasse a ela. Recordo ainda muito bem como, crianças, mal firmados sobre os pés, achávamo-nos no jardinzinho do mestre; como tínhamos que erguer com calhaus uma espécie de muralha; como o mestre segurava a túnica e precipitava-se contra a parede, derrubando tudo, naturalmente, e fazia-nos tais censuras pela debilidade de nossa obra que, berrando e em debandada, corríamos a nos refugiar em nossas casas. Um evento minúsculo, mas demonstrativo do espírito da época.

Tive a sorte de, aos vinte anos, justamente ao ser aprovado no exame final da escola primária, tivesse início a construção da muralha. E digo sorte, porque muitos que antes haviam alcançado o grau máximo dentro da preparação que lhes era acessível, não souberam durante anos o que fazer com seus conhecimentos e com a cabeça cheia de grandiosos projetos, vagavam inúteis e se malogravam. Mas aqueles que finalmente chegavam à obra como condutores, mesmo sendo de última condição, eram verdadeiramente dignos de sua missão. Tratava-se de pedreiros que tinham refletido muito a respeito da obra, que nunca terminavam de meditar sobre ela e que, desde a primeira pedra enfiada na terra, sentiam-se consubstanciados com a empresa. A tais pedreiros impelia-os, paralelamente à ambição de realizar trabalho escrupuloso, a urgência de ver erguer-se a obra em toda a sua integridade. O trabalhador diarista não conhece essa impaciência, move-o a retribuição; também os condutores superiores e mesmo os de mediana jerarquia, vêem bastante o progresso da construção em seus múltiplos aspectos para conservar a fortaleza de ânimo. Mas foi preciso velar de outro modo pelos de baixo, espiritualmente muito alheios à sua missão, ínfima na aparência. Não podia, por exemplo, tê-los durante meses e anos colocando pedra atrás de pedra em uma região montanhosa, desabitada, a centenas de milhas de seu país; a falta de estímulo de um trabalho que, nem mesmo cumprido com todo empenho e sem interrupção durante uma longa existência, permitia vislumbrar a meta, tê-los-ia desesperado e, sobretudo, diminuído em sua capacidade de trabalho. Por isso foi escolhido o sistema de construção parcial. Quinhentos metros podiam ser terminados aproximadamente em cinco anos; então, é natural, os condutores costumavam estar esgotados; tinham perdido toda confiança em si, na obra, no mundo. Eram enviados, pois, longe, longe, quando se achavam ainda exaltados pelas festas com que se celebrava a união de uma muralha de mil metros. Durante a viagem, viam aqui e ali erguerem-se muralhas parciais terminadas; passavam pelos acampamentos de chefes superiores, que os regalavam com distintivos honoríficos, ouviam o jubiloso entusiasmo de novos exércitos de trabalho que fluíam do centro dos países, vinham cortar os bosques destinados aos andaimes, reduzir montanhas a cadeiras, e ouviam nos santuários o cântico dos fiéis que imploravam o término da obra. Tudo isto morigerava sua impaciência. A pacífica vida no terreno, ali onde passavam algum tempo, fortalecia-os; a respeitabilidade de que gozavam os construtores, a crédula humildade com que seus relatos eram ouvidos, a confiança que o cidadão simples e calado depositava na futura terminação da muralha, tudo isto temperava as cordas da alma. Como crianças eternamente esperançadas, despediam-se; a ânsia de trabalhar na obra do povoado fazia-se indomável. Afastavam-se antes do necessário de casa; meia aldeia acompanhava-os por um longo trecho. Em todos os caminhos, grupos, galhardetes, bandeiras; nunca tinham visto que grande, rico, formoso e digno de ser amado era seu país. Cada camponês era um irmão para o qual se construía uma muralha de proteção e que, com tudo o que possuía e era, agradeceria por toda a vida. Unidade! Unidade! Peito junto a peito, uma grinalda de povo, sangue não constrangido à mísera circulação corporal, porém que rodava docemente, embora retornando sempre, através da China interminável.

Em primeiro lugar, é preciso reconhecer que naquele tempo se consumaram empresas somente inferiores à construção da torre de Babel, mas que representam, quanto à complacência divina, segundo os cálculos humanos ao menos, justamente o contrário daquela obra. Menciono-o porque nos primeiros tempos da construção um sábio escreveu um livro em que estabelecia claramente tais comparações. Procurava demonstrar que se a ereção da torre não chegou a se realizar, não foi pelos motivos geralmente admitidos, ou que, pelo menos, entre esses motivos conhecidos não se encontravam os principais. Suas provas não somente consistiam em escritos e crônicas, mas também afirmava haver feito investigações no próprio terreno, e ter comprovado que a obra fracassou e devia fracassar por fraqueza dos cimentos. Por certo que neste aspecto nossa época se avantajava em muito a tais idades remotas. Quase cada contemporâneo instruído era pedreiro de profissão e infalível em matéria de cimentos. Mas o sábio nem sequer apontava para ali, porém afirmava que apenas a grande muralha, pela primeira vez nos anais da humanidade, propiciaria cimentos seguros para erguer uma nova torre de Babel. Quer dizer: primeiro a muralha; depois a torre. O livro achava-se então em todas as mãos, mas reconheço que ainda hoje não compreendo bem como se imaginava esta construção. Como a muralha, que nem sequer era uma circunferência, porém apenas um quadrante ou meia circunferência, havia de proporcionar as bases para uma torre? Apenas podia ter um sentido espiritual. Mas, para que então a muralha, que era algo real, produtos dos sacrifícios e vidas de centenas de milhares? E para que se tinham desenhado na obra planos — certamente nebulosos — da torre, e efetuado cálculos, até nos pormenores, de como deviam reunir-se as energias populares em a nova e poderosa construção?

Havia então tanta confusão nas cabeças — este livro é um simples exemplo — talvez exatamente porque tantos procuravam unir-se em um só propósito. A criatura humana, frívola, ligeira, como o pó, não admite ataduras; e se ela as impõe a si mesma, logo, enlouquecida, começará a puxar até despedaçar muralhas, cadeias e a si mesma.

É possível que nem mesmo estas considerações adversas à construção da muralha tenham sido relevadas pela condução ao decidir-se o sistema de construção parcial. Apenas soletrando as disposições da Suprema Condução temos chegado — falo aqui certamente em nome de muitos — a conhecer-mos a nós mesmos e a concluir que sem a Direção, não teriam alcançado nossa sabedoria escolar e nosso entendimento para o modesto cargo que tínhamos no grande conjunto. No quarto da Condução — nenhum daqueles que eu interroguei soube dizer-me onde estava e quais eram os que se sentavam ali — neste quarto giravam certamente todos os pensamentos e desejos humanos e em círculos contrários todas as metas e realizações. Através da janela caía sobre as mãos da Condução que desenhavam planos, o reflexo dos mundos divinos.

Por isso o observador insubornável não chega a compreender que a Condução, se o tivesse proposto seriamente, não tivesse superado também os obstáculos que se podiam opor a uma construção contínua. Depois, a Condução quis a construção parcial. Mas a construção parcial era apenas uma solução de emergência e inadequada. Depois, a Condução quis algo inadequado... Estranha conclusão!... Certamente, e contudo tem sob outro ponto de vista alguma justificação. Naquela oportunidade era provérbio secreto de muitos e mesmo dos melhores: "Procura com todas as tuas forças compreender as disposições da Condução, mas apenas até determinado limite; ali deixa de refletir." Provérbio muito judicioso que, além do mais, havia de ter nova expressão na parábola muito repetida mais tarde: "Nem porque possa prejudicar-te, deixa de refletir, pois tampouco é certo que possa prejudicar-te." Aqui não se trata de prejuízo ou não-prejuízo. Acontecer-te-á como ao rio na primavera. Cresce, faz-se mais caudaloso, alimenta mais substancialmente a terra de suas grandes margens, conserva sua própria essência até mais para dentro do mar, mas se faz também mais semelhante e grato a este... "Até então reflete sobre as disposições da Condução. "Mas depois o rio sai da mãe, perde contornos e figura, torna mais lento seu curso, tenta contrariar o seu destino, formar pequenos mares interiores, prejudica os campos, e contudo, não consegue manter-se em suas conquistas, retrocede para o seu leito e ainda fica mais lamentàvelmente seco na seguinte estação dos calores... "Não reflitas até ali sobre as disposições da Condução."

Esta parábola, talvez muito exata durante a construção da muralha, tem valor muito limitado para minha atual informação. Minha investigação é apenas histórica; as grandes nuvens, há muito desvanecidas, há muito não engendram raios, e por isso posso procurar uma explicação da construção parcial que vá mais além do que satisfazia então. Os limites que me impõe minha capacidade mental são bastante estreitos; o território, em troca, que terei de atravessar, é infinito.

De quem devia proteger-nos a grande muralha? Dos povos do Norte. Sou da China sul-oriental. Nenhum povo do Norte pode ameaçar-nos aqui. Lemos a respeito deles nos livros dos antigos; e sob nossas plácidas glorietas os horrores que cometem nos fazem gemer. Nos quadros dos artistas, fiéis à realidade, vemos estes rostos de maldição, as fauces desmesuradamente abertas, os dentes prontos a rasgar e triturar; os olhos vesgos para o despojo. Se as crianças se portam mal, mostramos-lhes estas figuras; em prantos atiram-se ao nosso pescoço. Mas isso é tudo quanto sabemos dos nórdicos. Nunca os vimos e se permanecemos em nossa aldeia não os veremos nunca, por mais que fustiguem seus selvagens cavalos e correm ao nosso encontro... O país é muito extenso e não os deixaria chegar... Por mais que corram perder-se-ão no ar.

E se é assim, por que abandonamos nosso terreno, o rio e as pontes, o pai e a mãe; à mulher que chora e ao menino que é preciso educar, e afastamo-nos para aprender na cidade distante, e nossos pensamentos estão mais ao Norte ainda, junto à muralha? Por que? Pergunta à Condução. Ela conhece-nos. Ela que empurra e faz rodar suas enormes responsabilidades, sabe de nós, conhece nossa pequena indústria, vê-nos a todos reunidos, sentados na choça, e a oração que ao anoitecer diz o mais velho no círculo dos seus, lhe é grata ou ingrata. E se me posso permitir este pensamento diante da Condução, devo dizer que me parece que ela existia antes e que não se reuniu de improviso, como os mandarins que, incitados por um lindo sonho matinal convocam a sessão urgente; resolvem, e já à noite fazem construir o emplastro e tiram os habitantes das camas, para cumprir a resolução, ainda que apenas seja para organizar uma iluminação em honra de um deus que se mostrou outrora favorável ao senhor, para amanhã, apenas apagados os faróis, surrá-los em algum obscuro recanto. Ou melhor, a Condução existiu sempre, tanto quanto a decisão de construir a muralha. Inocentes povos do Norte, que acreditavam tê-la provocado; inocente e venerável imperador que acreditava tê-la ordenado! Nós, os da construção, sabemo-lo melhor e calamos.

Já então, durante a construção, e mais tarde, até hoje, ocupei-me quase exclusivamente de história comparada — há determinadas questões a cujo nervo apenas se pode chegar com este processo — e encontrei que nós, os chineses, temos determinadas instituições sociais e estatais de clareza e outras de obscuridade inigualáveis. Sempre me excitou e ainda me excita, investigar as causas, especialmente as do último fenômeno; também a construção da muralha está afetada essencialmente por estas questões.

Uma de nossas mais vagas instituições é em todo caso o império. Naturalmente, na corte, em Pequim, há alguma clareza a respeito dela, ainda que mais aparente do que real. Também os mestres de Direito do estado e de história nas altas escolas afirmam estar minuciosamente informados destas coisas e poder transmitir seu conhecimento aos estudantes. À medida que se desce às escolas inferiores, desaparecem — é compreensível — as dúvidas a respeito do próprio saber; uma instrução medíocre encrespa montanhas ao redor de alguns dogmas determinados há séculos, que, por certo, não perderam nada de sua eterna sabedoria, mas que permanecem também confusos por toda a eternidade em meio desta bruma e desta névoa.

Em minha opinião, exatamente a respeito do império devia consultar-se o povo, já que tem neste seus últimos expoentes. E aqui novamente apenas posso falar de minha própria pátria. Além das deidades campestres e de seu culto, que em tão formosa variação enche todo o ano, nossos pensamentos apenas se dirigem ao imperador, ou antes, dirigir-se-iam ao atual se o tivéssemos conhecido ou tivéssemos sabido algo preciso dele. Certamente, sempre quisemos informar-nos a respeito disto — nossa única curiosidade — mas, por estranho que pareça, era impossível averiguar algo, nem pelo peregrino que atravessa muitos países, nem nos povoados próximos ou distantes, nem pelos barqueiros que não só navegam nossos riachos, como também os rios sagrados. Certamente, ouvia-se muito, mas sem tirar nada a limpo.

Nosso país é tão grande que nenhuma lenda se aproxima de sua grandeza, o céu mal pode cobri-lo, e Pequim é apenas um ponto e o palácio imperial um ponto ainda menor. Assim também o imperador, como tal, é grande através de todos os pavimentos do mundo. Mas o imperador vivo, um homem como nós, jaz à nossa semelhança em uma cama que, ainda que de dimensões generosas, apenas pode ser estreita e curta. Como nós espreguiça-se às vezes, e se está muito cansado boceja com sua boca de terno desenho. Mas como podíamos inteirar-nos disso — milhares de milhas ao Sul — se quase limitamos com as alturas do Tibé? Além do mais, cada notícia, ainda que chegasse até nós, chegaria muito tarde, já antiquada. Em redor do imperador aglomera-se a brilhante mas obscura multidão dos palacianos — maldade e inimizade em roupa de criados e amigos — o contrapeso na balança do império, procurando tirar, com suas flechas envenenadas, o imperador do outro pratinho. O império é eterno, mas o imperador isolado cai; mesmo dinastias inteiras arruinam-se finalmente e expiram em um só estertor. Destas lutas e sofrimentos jamais se inteirará o povo; como forasteiros, deixados para trás, estão ao fim das repletas ruazinhas laterais, comendo tranqüilamente a merenda que trazem, enquanto na praça do mercado, no meio, bem adiante, procede-se à execução de seu senhor.

Há uma lenda que expressa bem esta relação. O imperador, assim diz, enviou-te, a ti, ao miserável súdito, à ínfima sombra que diante do sol imperial se refugiou na mais remota distância, justamente a ti, o imperador te enviou uma mensagem de seu leito de morte. Fez ajoelhar o mensageiro e transmitiu-lhe a mensagem em um sussurro; tão importante era para ele que fez com que o repetisse ao seu ouvido. Com movimentos de cabeça corroborou depois a repetição. E diante de todos os espectadores de sua morte — as paredes molestas se retiram e sobre as escadinhas que estendem ao largo e ao alto, acham-se em círculo os grandes do império — diante de todos estes despachou o mensageiro. Este partiu no mesmo instante; homem forte, incansável; adiantando já um braço, já o outro, abre-se caminho através da multidão; se encontra resistência, aponta para o peito onde se encontra o emblema do sol; e consegue avançar com facilidade, **como ninguém. Mas a multidão é muito grande, suas viven-**

das não têm fim. Se se abrisse o campo livre, como voaria! e logo ouvirias os soberbos golpes de seus punhos em tua porta. Mas, em troca, quão inutilmente se cansa; ainda se comprime através das salas do palácio interior; nunca as superará; e ainda que o conseguisse, nada teria ganho; teria de lutar escadas abaixo, e se conseguisse isto, nada teria ganho; teria que atravessar os pátios; e depois dos pátios o segundo palácio que os rodeia; e novamente escadas e pátios; e outra vez um palácio; e assim sucessivamente durante milênios; e se por fim se precipitasse desde o último portal — mas nunca, nunca pode acontecer isto — apenas se estenderia diante dele a cidade residencial, o centro do mundo, transbordando de sua ressaca. Ninguém consegue passar aqui e menos com a mensagem de um morto... Mas tu, sentado diante da janela, sonhas com isso quando chega a noite.

Assim, desesperadamente e cheio de esperanças, vê nosso povo ao imperador. Não sabe que imperador governa e até tem dúvidas a respeito do nome da dinastia. Na escola muito se aprende, mas a insegurança geral é tão grande neste aspecto que mesmo o melhor aluno naufraga nela. Imperadores mortos faz tempo são elevados ao trono em nossas cidades; e o que vive já apenas na canção emitiu há pouco um edito que o sacerdote lê diante do altar. Batalhas de nossa mais antiga história se libram agora e com o rosto ardente se precipita o vizinho em tua casa com a notícia. As mulheres imperiais, fartas de comida, entre almofadões de seda, desviadas do nobre costume por astuciosos palacianos, cheias de ambição de poder, violentas em sua avareza, transbordantes de voluptuosidade, sempre reincidem em suas más ações. Quanto mais tempo transcorreu, mais horríveis luzem as cores, e com gritos de dor se inteira alguma vez a aldeia de como há milênios uma imperatriz bebeu a sorvos lentos o sangue de seu marido.

Deste modo procede portanto o povo com o passado; aos atuais governantes em troca mistura-os com os mortos. Se alguma vez, talvez uma durante uma vida humana, chega casualmente a nosso povoado um funcionário imperial que percorre a província, formula em nome dos governantes qualquer exigência, comprova as listas de tributos, assiste ao ensino nas escolas, pergunta ao sacerdote pelo nosso comportamento e resume tudo, antes de subir à sua liteira, em longas recomendações à comunidade congregada em sua presença; então um sorriso ilumina todos os rostos, cada qual olha dissimuladamente aos demais e se inclina sobre as crianças para escapar à observação do funcionário. Como, pensa-se, fala de um morto como de um vivo, este imperador há tempo que está morto, a dinastia extinta, e o senhor funcionário ri-se de nós; e fazemos como se não o notássemos para não o mortificar. Mas somente obedeceremos a sério a nosso atual senhor; o contrário seria pecado. E enquanto a liteira do funcionário se afasta depressa, um qualquer, tirado arbitrariamente de uma urna já desintegrada, erige-se com passo retumbante senhor do povoado.

De modo parecido, as transformações estatais e as guerras contemporâneas afetam pouco a nossa gente. Relembro aqui um acontecimento de minha juventude. Em uma província vizinha, apesar disso muito distante, produzira-se um levante. Não me lembro dos motivos e tampouco vêm ao caso. Motivos para levantes existem ali toda manhã, é uma cidade muito inquieta. O fato é que um mendigo, que atravessara aquela província, trouxe à casa de meus pais um boletim dos rebeldes. Era exatamente um dia de festa; os hóspedes enchiam nossas salas, no meio estava o sacerdote e estudava o papel. De súbito, todo o mundo começou a rir, a folha foi rasgada no tumulto, o mendigo que já tinha sido alvo de múltiplos presentes, foi tirado da sala a empurrões e todo mundo se dispersou e saiu ao ar livre para gozar o belo dia. Por que? O dialeto da província vizinha diferencia-se do nosso em forma essencial, o que se manifesta também em determinados giros da expressão escrita, antiquados para nós. Apenas com a leitura que fez o sacerdote de duas páginas, nossa decisão foi tomada. Coisas velhas, ouvidas há muito, que já não doíam. E embora — assim me parece na recordação — a vida falava horrorosa e irretorquível através do mendigo, todos moviam a cabeça rindo e não queriam ouvir mais. Tão disposto se está entre nós a sufocar o presente.

Se de tais fenômenos se quisesse deduzir que no fundo precisamos de imperador, não se estaria muito distante da verdade. Sempre devo repetir isso: não há talvez povo mais fiel ao imperador do que o nosso; mas essa fidelidade não beneficia o imperador. Por certo que sobre a pequena coluna à saída do povoado está o dragão sagrado e envia desde tempo imemorial a homenagem de seu ígneo alento exatamente em direção de Pequim; mas Pequim mesmo é para a gente do povoado mais desconhecido que a vida do além. Existirá em realidade uma cidade em que as casas estão uma junto à outra, cobrindo campos, numa extensão maior do que a que alcança o nosso olhar desde nossa colina, e entre cujas casas existe gente aglomerada dia e noite? Mais fácil do que imaginar semelhante cidade é para nós acreditar que Pequim e o imperador são uma só coisa, uma nuvem por exemplo, placidamente cambiante sob o sol no transcurso dos tempos.

A conseqüência de tais opiniões é uma vida de certo modo livre, sem dominação. De nenhuma maneira licenciosa; em minhas viagens não encontrei quase em nenhum lugar pureza de costumes como a nossa. Mas sim uma vida que não se encontra sob nenhuma espécie de leis atuais, porém que apenas atende as exortações e advertências que nos chegam desde priscas eras.

Evito muito bem generalizar e não afirmo que assim aconteça igualmente nas dez mil cidades de nossa província ou nas quinhentas províncias da China. Mas posso, isso sim, afirmar, em razão dos muitos escritos que sobre isto li, e pelas minhas próprias observações — especialmente durante a construção da muralha, quando o material humano dava ocasião de viajar através das almas de quase todas as províncias — em virtude de tudo isto talvez possa dizer que a idéia predominante a respeito do imperador oferece sempre e em todas as partes os mesmos rasgos fundamentais que em minha cidade. Não quero fazer sobressair esta idéia como virtude; pelo contrário. É verdade que principalmente o governo é responsável por não ter conseguido até hoje — ou por ter desatendido este assunto entre outros — por não ter podido levar no império mais antigo da terra a instituição do império a tal grau de clareza que seus efeitos chegassem imediata e continuamente até as mais distantes fronteiras. Por outra parte, existe nisso uma fraqueza de imaginação ou da fé da cidade, incapaz de atrair ao império, tirando-o da abjeção de Pequim, para apertá-lo, vivo e atual, contra seu peito de súdito que não deseja outra coisa senão experimentar por fim este contato e morrer por ele.

Esta concepção não é portanto uma virtude. Tanto mais expressivo é que exatamente esta fraqueza pareça constituir um dos mais importantes meios de união de nosso povo e, se me posso aventurar a tanto na expressão, que seja realmente o solo sobre o qual vivemos. Fundamentar aqui amplamente uma crítica, não somente significaria sacudir com força nossas consciências, porém também nossas pernas, o que seria muito mais grave. Por isso não quero ir no momento mais além na investigação deste problema.

A RECUSA

Nossa pequena cidade não está sobre a fronteira, nem sequer próxima; a fronteira fica ainda tão distante que provavelmente ninguém da cidade tenha chegado até ela; é preciso cruzar por planícies elevadas, desertas e também extensas regiões férteis. Cansar-se-ia alguém apenas imaginando parte da caminhada, e é completamente impossível imaginar mais. Grandes cidades se encontram no trajeto, muito maiores que a nossa; e supondo-se que alguém não se perdesse no caminho, perder-se-ia com certeza nelas, visto que pelo seu enorme tamanho é impossível contorná-las.

Muito mais além da fronteira, se tais distâncias se pudessem comparar — o que é como dizer que um homem de trezentos anos é mais velho do que um de duzentos — muito mais para além está a capital. E ainda que nos cheguem alguma notícia das lutas fronteiriças, não nos inteiramos quase absolutamente daquilo que acontece na capital, os cidadãos comuns pelo menos, pois os funcionários dispõem de excelentes comunicações; em dois ou três meses podem receber uma notícia, segundo afirmam.

E é notável, e isto sempre renova em mim o assombro, como nos submetemos a quanto se ordena da capital. Há séculos que não se produziu entre nós modificação política alguma emanada dos próprios cidadãos. Na capital os jerarcas se substituíram uns aos outros; dinastias inteiras se extinguiram ou foram depostas e novas dinastias se iniciaram; no último século a própria capital foi destruída, e fundada uma nova, longe da primeira; depois a nova foi destruída por sua vez e a antiga tornada a edificar; em nossa cidade nada disso repercutiu de forma alguma. A burocracia esteve sempre em seu lugar: os funcionários principais vinham da capital; os de grau médio chegavam pelo menos de fora, os inferiores saíam de nosso meio; assim foi sempre, e isso nos bastava.

O mais elevado funcionário é o Chefe Arrecadador de Impostos, no grau de coronel, e assim é chamado. Hoje já é homem velho, mas o conheço há muitos anos e já em minha infância era coronel; a princípio fez carreira rápida, que depois se interrompeu de repente; para nossa cidade basta seu grau, não estaríamos em condições de absorver outro mais importante. Quando procuro imaginar isso, vejo-o sentado na galeria de sua casa, que dá sobre a praça do mercado, jogado para trás, com o cachimbo na boca. Sobre ele ondula no teto a bandeira imperial; e já nas extremidades da galeria, tão espaçosa que nela se executam pequenos exercícios militares, a roupa se acha estendida para secar. Seus netos, ricamente vestidos de seda, brincam em torno; não se lhes permite descer à praça, os outros meninos são indignos deles, mas como a praça tenta-os, enfiam a cabeça entre as grades da varandinha, e quando os meninos brigam entre si, eles acompanham lá de cima. Este coronel governa, pois, a cidade. Creio que nunca exibiu um documento que o autorize a isso. Talvez nem o tenha. Talvez seja, com efeito, Chefe Arrecadador de Impostos, mas é suficiente? autoriza-o a impor-se em todos os campos da administração? Por certo, seu cargo é importante para o Estado, porém não o mais importante para os cidadãos. Entre nós quase se tem a impressão de que a gente dissesse: "Já nos tomou quanto tínhamos; por favor, toma-nos também às nossas pessoas." Porque, realmente, não se apossou do poder pela violência nem é um tirano. Desde tempos remotos a força das coisas quis que o Chefe Arrecadador fosse também o primeiro funcionário, e o Coronel e nós não faremos senão ajustar-nos à tradição.

Mas embora viva entre nós sem excessivas distinções em virtude de seu cargo, é muito diferente de um cidadão comum. Quando uma delegação chega diante dele com uma súplica, parece a muralha do mundo. Mais além dele não existe mais nada; parecem ouvir-se, sim, ainda alguns cochichos, mas talvez seja apenas engano dos sentidos, visto que ele representa o final de tudo, pelo menos para nós. É necessário tê-lo visto nessas recepções. Quando criança eu assisti a uma; a delegação dos cidadãos pedia-lhe um subsídio do governo porque o bairro mais pobre tinha sido destruído por um incêndio. Meu pai, o ferreiro, pessoa respeitada, fazia parte da delegação e levara-me com ele. Isto não era nada fora do comum; a semelhante espetáculo concorrem todos, e quase não se pode distinguir a delegação entre a multidão. Em geral, tais recepções se verificam na galeria; há pessoas que sobem da praça do mercado com escadas de mão para participar dos acontecimentos por sobre a varanda. Naquela oportunidade aproximadamente a quarta parte da galeria estava reservada para ele, o resto enchia-o a multidão. Alguns soldados encarregavam-se da vigilância; também rodeavam-no em semicírculo. No fundo, teria bastado um só soldado, tanto é o temor que o Coronel desperta. Não sei exatamente de onde vêm estes soldados, em todo caso de muito longe; todos se parecem e nem mesmo precisariam uniforme. São homens pequenos, não robustos, mas espertos; o que mais ressalta neles é a dentadura, poderosa, como se lhes enchesse muito a boca, e um certo faiscar inquieto nos olhinhos estreitos. São o terror das crianças e ao mesmo tempo também seu espetáculo, porque continuamente quiseram assustar-se diante dessas dentaduras e desses olhos, para depois escapar desesperados. Provavelmente este terror da infância não se perde nos adultos, ou pelo menos continua agindo neles. Há outras coisas ainda. Os soldados falam um dialeto incompreensível, não conseguem habituar-se ao nosso, o que os torna herméticos, inacessíveis. Isso corresponde também a seu caráter. São reservados, sérios e rígidos, e embora não façam nada mau, uma espécie de malignidade latente os torna insuportáveis. Entra, por exemplo, um soldado em uma loja, compra uma bagatela e permanece apoiado contra a estante; presta atenção nas conversas, talvez sem compreendê-las, mas como se compreendesse; não diz uma palavra, apenas olha fixamente aquele que fala, depois aos que ouvem, a mão no punho do longo punhal que pende do cinturão. É insuportável, perde-se a vontade de conversar, a loja se esvazia, e somente quando se esvaziou por completo se vai também o soldado. Onde aparecem os soldados, nosso povo, tão animado sempre, se inibe. Assim também aconteceu naquela ocasião. Como em todas as ocasiões solenes, o Coronel estava muito erguido e sustentava nas mãos estendidas para diante duas varas de bambu. É um velho costume que significa que ele se apóia na lei e que ela é sustentada por ele. Todos sabem já o que acontecerá no alto da galeria; contudo, **voltam a se atemorizar**. Também naquela oportunidade o designado para falar não quis começar a fazê-lo; estava já diante do Coronel, mas de súbito perdeu a coragem e com vários pretextos voltou a sumir-se na multidão. E não se encontrou outro capaz e disposto a falar; por certo, alguns incapazes se ofereceram; originou-se uma grande confusão e foram enviados emissários a alguns cidadãos, oradores conhecidos. Durante todo este tempo o Coronel permaneceu de pé, imóvel; apenas a respiração agitava-lhe notavelmente o peito. Não porque respirasse com dificuldade, respirava com precisão, como o fazem, por exemplo, as rãs, mas nestas é habitual, enquanto que nele era extraordinário. Enfiei-me por entre as pessoas maiores e pude contemplá-lo por um espaço, entre dois soldados, até que um destes me afastou com o joelho. Entretanto o orador primeiramente designado pôde reagir e, sustentado firmemente por dois cidadãos, pronunciou o discurso. Era emocionante ver como durante esta grave alocução, que descrevia tal infortúnio, não cessou de sorrir; era o mais humilde dos sorrisos, que se esforçava inutilmente em provocar o menor reflexo no rosto do Coronel. Por fim formulou a súplica, creio que apenas pediu a liberação de impostos por um ano, ou porventura também madeira barata dos bosques imperiais. Depois se inclinou profundamente, como o fizeram todos os demais à exceção do Coronel, dos soldados e de alguns funcionários do fundo. Ao menino pareceu-lhe ridículo que aqueles que estavam encarapitados nas escadas descessem alguns degraus para não serem vistos durante o decisivo silêncio e como de tempo em tempo se assomavam ao nível do piso da galeria para espionar. Isso durou um momento: depois um funcionário, um homem miúdo se adiantou, procurou erguer-se nas pontas dos pés até o Coronel que, além dos movimentos do peito, se mantinha completamente imóvel, e obteve dele um sussurro ao ouvido. O funcionário bateu as mãos e anunciou: "A petição foi recusada. Ide-vos". Uma inegável sensação de alívio correu pela multidão; todos se davam pressa em sair; mal se olhava já para o Coronel, que parecia ter-se convertido de novo em um ser humano como todos nós; apenas vi como, realmente esgotado, soltou as varas, que caíram ao solo, como se enterrou em uma poltrona trazida pelos funcionários e como meteu apressadamente o cachimbo na boca.

E não se tratava de um fato isolado; era o habitual. Pode acontecer, contudo, que uma ou outra vez se atenda uma pequena petição, mas então acontece como por decisão do Coronel, como particular poderoso e sob sua exclusiva responsabilidade; de certo modo deve ser conservado — não se diz, mas é assim em definitivo — em segredo diante do governo. Ainda que em nossa pequena cidade os olhos do Coronel são ao mesmo tempo os olhos do governo, neste caso há que se fazer uma distinção, cujo sentido não é totalmente penetrável.

Mas nos assuntos importantes pode-se estar sempre certo da recusa. E é realmente curioso que de certo modo não possamos passar sem ele; o que não quer dizer que a ida e a obtenção da recusa seja uma simples formalidade. Sempre com seriedade e com renovada coragem o povo concorre e depois se retira, não exatamente confortado e feliz, mas de modo algum com desilusão ou cansaço. Sobre estas coisas não necessito o parecer de ninguém, sinto-as em meu interior como todo mundo. E nem sequer experimento curiosidade por averiguar a relação que existe entre tais acontecimentos.

Contudo, segundo minhas observações, a gente de determinada idade, os jovens entre dezessete e vinte anos, não estão conformes. É gente incapaz de suspeitar, por sua extremada juventude, a transcendência de qualquer idéia e menos ainda de uma idéia revolucionária. E contudo, exatamente entre ela se infiltra o descontentamento.

SOBRE A QUESTÃO DE LEIS

Em geral as nossas leis não são conhecidas, senão que constituem um segredo do pequeno grupo de aristocratas que nos governa. Embora estejamos convencidos de que estas antigas leis são cumpridas com exatidão é extremamente mortificante ver-se regido por leis que não se conhecem. Não penso aqui nas diversas possibilidades de interpretação nem nas desvantagens que se derivam de que apenas algumas pessoas, e não todo o povo, possam participar da interpretação. Talvez estas desvantagens não sejam tão grandes. As leis são tão antigas que os séculos contribuíram para sua interpretação e esta interpretação já se tornou lei também, mas as liberdades possíveis a respeito da interpretação, mesmo que ainda subsistam, acham-se muito restringidas. Além do mais a nobreza não tem evidentemente nenhum motivo para deixar-se influir na interpretação por seu interesse pessoal em nosso prejuízo, já que as leis foram estabelecidas desde suas origens por ela mesma; a qual se acha fora da lei, que, precisamente por isso, parece ter-se posto exclusivamente em suas mãos. Isto, naturalmente, encerra uma sabedoria — quem duvida da sabedoria das antigas leis —, mas ao mesmo tempo nos é mortificante, o que provavelmente é inevitável.

Além do mais, estas aparências de leis apenas podem ser na realidade suspeitadas. Segundo a tradição existem e foram confiadas como segredo à nobreza, mas isto não é mais do que uma velha tradição, digna de crédito pela sua antiguidade, pois o caráter destas leis exigem também manter em segredo sua existência. Mas se nós, o povo, seguimos atentamente a conduta da nobreza desde os mais remotos tempos, e possuímos anotações de nossos antepassados referentes a isso, e as temos prosseguido conscienciosamente até acreditar discernir nos fatos inumeráveis certas linhas diretrizes que permitem concluir sobre esta ou aquela determinação histórica, e se depois destas deduções finais cuidadosamente peneiradas e ordenadas procuramos adaptar-nos de certo modo ao presente e ao futuro, tudo aparece então como incerto e talvez como simples jogo de inteligência, pois talvez essas leis que aqui procuramos decifrar não existam. Há um pequeno partido que sustenta realmente esta opinião e que procura provar que quando uma lei existe apenas pode rezar: o que a nobreza faz é a lei. Esse partido vê apenas atos arbitrários na atuação da nobreza e rechaça a tradição popular, a qual, segundo o seu parecer, apenas comporta benefícios casuais e insignificantes, provocando em troca graves danos, ao dar ao povo uma segurança falsa, enganosa e superficial com respeito aos acontecimentos do futuro. Não pode negar-se este dano, mas a maioria esmagadora de nosso povo vê sua razão de ser no fato de que a tradição não é nem mesmo ainda suficiente, que portanto há ainda muito que investigar nela e que, sem dúvida, seu material, por enorme que pareça, é ainda demasiado pequeno, pelo que terão que transcorrer séculos antes de que se revele como suficiente. O obscuro nesta visão aos olhos do presente apenas está iluminado pela fé de que virá o tempo em que a tradição e sua investigação conseqüente ressurgirão de certo modo para pôr ponto final, que tudo será aclarado, que a lei apenas pertencerá ao povo e a nobreza terá desaparecido. Isto não é dito por ninguém e de modo algum com ódio contra a nobreza. Melhor, devemos odiar-nos a nós mesmos, por não sermos dignos ainda de ter lei. E por isso, esse partido, na realidade tão atraente sob certo ponto de vista e que não acredita, em verdade, em lei alguma, não aumentou as suas fileiras, e isso porque ele também reconhece a nobreza e o direito de sua existência.

Em realidade, isto apenas pode ser expresso com uma espécie de contradição: um partido que, junto à crença nas leis, repudiasse a nobreza, teria imediatamente a todo o povo a seu lado, mas um partido semelhante não pode surgir porque ninguém se atreve a repudiar a nobreza. Sobre o fio deste cutelo vivemos. Um escritor resumiu isto certa vez da seguinte maneira: a única lei, visível e isenta de dúvida, que nos foi imposta, é a nobreza, e desta lei haveríamos de nos privar a nós mesmos?

O ESCUDO DA CIDADE

Quando se começou a construir a torre de Babel tudo estava muito em ordem; e talvez a ordem fosse excessiva; pensava-se demais em indicadores de caminhos, intérpretes, alojamentos para trabalhadores e rotas de enlace, como se se dispusesse de séculos e outras tantas probabilidades de trabalhar livremente. A opinião então reinante chegava até a estabelecer que toda lentidão para construir seria pouca; não era preciso exagerar muito esta opinião para retroceder ante a própria idéia de pôr as bases. Argumentava-se deste modo: em toda a empresa, o positivo é a idéia de construir uma torre que chegue ao céu. Diante desta idéia o resto é acessório. Uma vez captado o pensamento em toda sua grandeza, não pode desaparecer já: enquanto existam os homens perdurará o desejo intenso de terminar a construção da torre. Neste sentido não há o que temer pelo futuro, pois antes do mais, o saber da humanidade vai em aumento, a arte da construção fez progressos e fará ainda outros novos; um trabalho para o qual necessitamos um ano, será realizado dentro de um século, talvez em apenas seis meses e, por acrescentamento, melhor e mais duradouramente. Por que esgotar-se, pois, desde já até o limite das forças? Isso teria sentido se se pudesse esperar que a torre fosse construída no lapso de uma geração. Isto, contudo, de nenhum modo era dado acreditá-

-lo. Pois bem, poderia pensar-se que a próxima geração, com seu mais amplo saber, haveria de achar mau o trabalho da geração precedente e que teria de demolir o construído para tornar a começar. Pensamentos desse gênero paralisavam as forças, e a edificação da cidade operária deslocava a construção da torre. Cada grupo regional queria possuir o bairro mais formoso, pelo que sobrevieram quizílias que redundaram em sangrentos combates. Estas lutas eram incessantes; o que serviu de argumento aos chefes para que, por falta da necessária concentração, a torre fosse erguida muito lentamente, ou, melhor ainda, apenas ao fim de estipulada uma paz geral. Mas não se perdeu tempo tão-somente em combates, pois durante as tréguas se embelezou a cidade, o que deu origem a novas invejas e novas lutas. Assim transcorreu o lapso da primeira geração, mas nenhuma das que seguiram foi diferente; apenas a destreza ia em aumento constante e, com ela, a sede de luta. A isso veio somar-se que a segunda ou a terceira geração reconheceram a insensatez da construção da torre, mas os vínculos mútuos eram já demasiado fortes como para que se pudesse deixar a cidade.

Tudo quanto está entroncado com a lenda e a canção que surgisse na cidade está cheio da nostalgia para o anunciado dia no qual a cidade seria aniquilada por cinco breves golpes e sucessivamente descarregados sobre ela por um punho gigantesco. Por isso tem a cidade um punho no escudo.

DAS ALEGORIAS

Muitos se queixam de que as palavras dos sábios sejam sempre alegorias, porém inaplicaveis na vida diária, e isto é o único que posuímos. Quando o sábio diz: "Anda para ali", não quer dizer que alguém deva passar para o outro lado, o que sempre seria possível se a meta do caminho assim o justificasse, porém que se refere a um local legendário, algo que nos é desconhecido, que tampouco pode ser precisado por ele com maior exatidão e que, portanto, de nada pode servir-nos aqui. Em realidade, todas essas alegorias apenas querem significar que o inexeqüível é inexeqüível, o que já sabíamos. Mas aquilo em que cotidianamente gastamos as nossas energias, são outras coisas.

A este propósito disse alguém: "Por que vos defendeis? Se obedecêsseis às alegorias, vós mesmos vos teríeis convertido em tais, com o que vos teríeis libertado da fadiga diária."

Outro disse: "Aposto que isso é também uma alegoria."

Disse o primeiro: "Ganhaste".

Disse o segundo: "Mas por infelicidade, apenas naquilo sobre alegoria."

O primeiro disse: "Em verdade, não; no que disseste da alegoria perdeste."

POSEIDON

Poseidon estava sentado à sua mesa de trabalho e fazia contas. A administração de todas as águas dava-lhe um trabalho infinito. Poderia dispor de quantas forças auxiliares quisera, e com efeito, tinha muitas, mas como tomava seu emprego muito a sério, verificava novamente todas as contas, e assim as fôrças auxiliares lhe serviam de pouco. Não se pode dizer que o trabalho lhe era agradável e na verdade o realizava unicamente porque lhe tinha sido imposto; tinha-se ocupado, sim, com freqüência, em trabalhos mais alegres, como ele dizia, mas cada vez que se lhe faziam diferentes proposições, revelava-se sempre que, contudo, nada lhe agradava tanto como seu atual emprego. Além do mais era muito difícil encontrar outra tarefa para ele. Era impossível designar-lhe um determinado mar; prescindindo de que aqui o trabalho de cálculo não era menor em quantidade, porém em qualidade, o grande Poseidon não podia ser designado para outro cargo que não comportasse poder. E se se lhe oferecia um emprego fora da água, esta única idéia lhe provocava mal-estar, alterava-se seu divino alento e seu férreo torso oscilava. Além do mais, suas queixas não eram tomadas a sério; quando um poderoso tortura, é preciso ajustar-se a ele aparentemente, mesmo na situação mais desprovida de perspectivas. Ninguém pensava verdadeiramente em separar a Poseidon de seu cargo, já que desde as origens tinha sido destinado a ser deus dos mares e aquilo não podia ser modificado.

O que mais o irritava — e isto era o que mais o indispunha com o cargo — era inteirar-se de como o representavam com o tridente, guiando como um cocheiro, através dos mares. Entretanto, estava sentado aqui, nas profundidades do mar do mundo e fazia contas ininterruptamente; de vez em quando uma viagem até Júpiter era a única interrupção dessa monotonia, viagem da qual além do mais, quase sempre regressava furioso. Daí que mal havia visto os mares, isso acontecia apenas em suas fugitivas ascensões ao Olimpo, e não os teria percorrido jamais verdadeiramente. Gostava de dizer que com isso esperava o fim do mundo, que então teria certamente ainda um momento de calma, durante o qual, justo antes do fim, depois de rever a última conta, poderia fazer ainda um rápido giro.

O CAÇADOR GRACCHUS

Dois rapazes sentados no cais jogavam dados. Um homem lia um jornal nos degraus de um monumento, à sombra do herói que brandia a espada, uma jovem junto à fonte enchia sua vasilha. Um vendedor de frutas permanecia junto à sua mercadoria o olhava para o mar. Nas profundidades de uma taverna via-se, através dos buracos das portas e janelas, dois homens bebendo vinho. O taverneiro, sentado a uma mesa, à frente, dormitava. Um barco descia silencioso, como se o levassem por cima da água, entrando no pequeno pôrto. Um homem de azul subiu à terra e passou os cabos pelas argolas. Outros dois homens, de roupas escuras com botões prateados, seguiam ao contramestre com uma padiola sobre a qual, sob uma tela de seda florida, ostensivamente jazia um homem.

No cais ninguém se preocupava com os que chegavam; ninguém se aproximou quando desceram à terra com a padiola para esperar o condutor do barco, que ainda trabalhava afanosamente com os cabos; ninguém lhes perguntou nada, nem mesmo ninguém os observou com especial atenção.

O condutor foi demorado ainda um pouco por uma mulher que, com uma criança ao peito, apareceu na coberta com os cabelos soltos; depois assinalou para uma amarelenta casa de dois pavimentos que se erguia perto da água, à esquerda.

Os portadores ergueram a carga e a passaram pelo portal, baixo, de esbeltas colunas. Um rapazinho abriu uma janela, chegou a notar como o grupo desaparecia na casa e voltou a fechar apressadamente. Também a porta se fechou; estava cuidadosamente trabalhada em carvalho escuro. Um bando de pombas que voara ao redor do campanário pousou em frente à casa. Como se nesta se guardasse seu alimento, reuniram-se no portal. Uma subiu até o primeiro pavimento e bicou o vidro da janela. Eram pombas de cores claras, bem cuidadas e vivazes. A mulher da barca atirava-lhes grãos com amplo gesto, elas desciam e recolhiam-nos e depois voavam para a mulher.

Um homem de chapéu de copa com cinta de luto descia por uma das estreitas ruazinhas de forte declive, que conduziam ao porto. Olhou atentamente em redor; tudo parecia interessá-lo; um monte de lixo em um canto fez com que ele contorcesse o rosto. Nos degraus do monumento havia cascas de frutas, que tirou ao passar, empurrando-as com o bastão. Bateu na porta da casa; ao mesmo tempo tomou o chapéu de copa com a mão direita enluvada de negro. Abriu-se-lhe imediatamente. Uns cinqüenta rapazotes formaram-lhe ala ao longo do corredor e inclinaram-se à sua passagem.

O condutor da barca desceu a escada, saudou ao homem, conduziu-o para cima, no primeiro andar deram a volta ao pátio rodeado de ligeiras arcadas e ambos penetraram, enquanto os rapazinhos os seguiam a distância respeitosa, em uma sala fresca, na parte posterior da casa, frente à qual não havia edifícios, senão apenas um muro de rocha enegrecida. Os portadores estavam ocupados em instalar e acender alguns círios à cabeça da padiola; nem por isso se produziu luz; realmente apenas se espantaram as sombras que se moveram nas paredes. A tela da padiola fora retirada com cuidado. Jazia sobre ela um homem bronzeado, de barba e cabelos selvagemente revoltos, semelhante a um caçador. Estava imóvel, ao que parecia sem respiração, com os olhos fechados; apesar disso somente o conjunto da cena indicava que provavelmente se tratasse de um morto.

O cavaleiro aproximou-se da padiola, pôs a mão na fronte do que jazia ali, depois, ajoelhando-se, rezou. O condutor do barco fez sinais aos portadores para abandonarem a sala; saíram, afastaram os garotos que se tinham reunido, e fecharam a porta. Ao senhor, contudo, nem mesmo este silêncio parecia ser-lhe suficiente; olhou para o barqueiro, este compreendeu e por uma porta lateral passou à sala contígua.

Imediatamente, o homem da padiola abriu os olhos e com um doloroso sorriso virou o rosto para o senhor e disse:
— Quem és?
Sem maior espanto, o cavaleiro ergueu-se e respondeu:
— O alcaide de Riva.

O homem da padiola moveu a cabeça, apontou com o braço debilmente estendido uma poltrona e, quando o alcaide atendeu a seu convite, disse:

— Eu sabia-o, senhor alcaide, mas no primeiro momento sempre esqueço tudo isso, tudo gira em mim e é melhor que pergunte ainda que saiba. Também o senhor sabe provavelmente que sou o caçador Gracchus.

— Por certo — disse o alcaide — Sua chegada foi-me anunciada ontem à noite. Há pouco eu dormia quando minha mulher me chamou: "Salvador (assim me chamo), olha a pomba na janela!" Era realmente uma pomba, mas grande como um galo. Voou ao meu ouvido e disse: "Amanhã chega o caçador Gracchus, morto; recebe-o em nome da cidade."

O caçador moveu a cabeça e fez passar a ponta da língua por entre os lábios.

— Sim, as pombas vão adiante de mim. Mas o senhor acredita, senhor alcaide, que devo permanecer em Riva?

— Não lhe posso dizer — respondeu o alcaide — O senhor está morto?

— Sim — disse o caçador —; como se pode ver. Há muitos anos, devem ser muitíssimos anos, despenhei-me na Selva Negra (isso fica na Alemanha) enquanto perseguia uma gazela. Desde essa época estou morto.

— Mas você vive também — disse o alcaide.

— De certo modo — disse o caçador —; em certo modo também vivo. Minha barca mortuária equivocou-se na viagem, um falso movimento do timão, um momento de distração, do condutor, um rodeio através de minha pátria extraordinariamente bela, não sei o que foi, apenas sei que permaneci na terra e que desde essa oportunidade minha barca sulca as águas terrenas. Assim, eu, aquele que apenas quis viver nas montanhas, viajo por todos os países da terra.

— E não tem um lugar no além? — perguntou o alcaide enrugando a fronte.

— Sempre estou na grande escada que conduz para cima — respondeu o caçador — Nesta escada infinitamente ampla estou sempre em movimento para cima, para baixo, à direita, à esquerda, sempre. O caçador tornou-se mariposa. Não se ria.

— Não me rio — atalhou o alcaide.

— Muito prudente — disse o caçador —. Sempre estou em movimento. Mas, indefectivelmente, quanto tomo o maior impulso e já vislumbro o portal no alto, desperto em minha velha barca, desoladamente encalhada em alguma parte em águas terrenas. O erro de minha passada morte me ronda e sorri dissimuladamente em meu camarote. Júlia, a mulher do condutor, bate e me traz à cama a bebida matinal, do país cujas costas estamos bordejando. Repouso em meu catre; trago vestida (não é um prazer contemplar-me) uma suja mortalha; cabelo e barba confundem-se em forma inextricável; minhas pernas estão cobertas com um casacão de mulher, de seda florida e longos flocos. À minha cabeceira há um círio que me ilumina. Na parede de frente, um quadro pequeno, um bosquimão evidentemente, que aponta para mim sua lança e que se cobre o mais possível com um escudo magnificamente decorado. Encontram-se nos barcos muitas representações tolas, mas esta é uma das mais estúpidas. Fora disto minha janela de madeira se encontra completamente vazia. Por uma janelinha chega o ar indeciso de uma noite sulina, e ouço a água bater contra a velha barca.

"Aqui estou desde que, ainda sendo o vivo caçador Gracchus, caí perseguindo a gazela na amada Selva Negra. Tudo aconteceu segundo a ordem estabelecida. Persegui-a, caí, feri-me em um barranco, morri, e esta barca devia levar-me ao além. Lembro ainda quão alegremente me estirei pela primeira vez neste catre. Nunca as montanhas haviam escutado de mim um canto mais alegre do que estas quatro paredes, então ainda vagas.

"Vivera com gosto, e com gosto morri; feliz atirei à minha frente, antes de pisar a bordo, o embornal, a caixa e a escopeta, que sempre carregara com orgulho, e enfiei-me na mortalha como uma jovem em seu vestido de noiva. Aqui permanecia e aqui esperava. Depois aconteceu a desgraça.

— Triste destino — disse o alcaide com a mão erguida na defensiva —. E o senhor não teve culpa?

— Não — disse o caçador —; fui caçador; isso constitui uma culpa? Colocaram-me como caçador na Selva Negra, que ainda então abrigava lobos. Eu espreitava, disparava, acertava no alvo, tirava e preparava os couros; isso constitui culpa? Meu trabalho era abençoado. "O grande caçador da Selva Negra", chamavam-me. É uma culpa?

— Não sou o designado para decidir isso — disse o alcaide —, mas não me parece que exista culpa nisso. Mas, quem é o culpado?

— O barqueiro — disse o caçador —. Ninguém lerá o que escrevo aqui, ninguém virá ajudar-me; e se fosse um dever ajudar-me então todas as portas de todas as casas permaneceriam fechadas, todas as janelas fechadas, todos estão na cama, os cobertores cobrindo os rostos, toda a terra um albergue noturno. Ninguém sabe de mim e, mesmo que soubesse, não saberia meu paradeiro, e se soubesse o paradeiro, não saberia prender-me ali, não saberia como auxiliar-me. A idéia de querer-me ajudar é uma enfermidade e deve ser curada na cama.

E como eu sei disso não grito pedindo ajuda nem mesmo nos momentos em que — sem dominar-me, como exatamente agora — penso intensamente nisso. Mas basta-me para espantar tais pensamentos olhar ao redor e dar-me conta de onde estou — e posso afirmá-lo — onde moro há muitos séculos.

— Estupendo — disse o alcaide —, estupendo... E agora pensa ficar conosco em Riva?

— Não penso — disse o caçador sorrindo, e para atenuar o sarcasmo, pôs a mão no joelho do alcaide —. Estou aqui, não sei mais; não posso fazer outra coisa. Minha barca carece de timão, viaja com o vento que sopra nas inferiores regiões da morte.

UM GOLPE À PORTA DA GRANJA

Foi um dia muito quente de verão. Regressando, a caminho de minha casa, passei com minha irmã diante da porta de uma granja. Não sei se bateu à porta por capricho ou distração, ou se ameaçou apenas com o punho, sem chegar a bater sequer. Cem passos mais adiante, onde o caminho real dobra para a esquerda, começava o povoado. Nós não o conhecíamos, mas apenas deixamos atrás a primeira casa, saíram umas pessoas que nos fizeram sinais amistosos de advertência, assustadas, encolhidas de susto. Assinalaram em direção da granja diante da qual tínhamos passado, e lembraram-nos o golpe na porta. Os proprietários vão acusar-nos e o sumário se iniciará imediatamente. Eu sentia-me muito tranqüilo e tranqüilizei também a minha irmã. Possivelmente ela não teria dado aquele golpe, e se o tinha dado, nada no mundo poderia prová-lo. Tentei fazer entender isto às pessoas que nos cercavam; escutaram-me, mas se abstiveram de emitir juízo. Depois disseram que não somente ela, mas eu também como irmão, seria acusado. Movi a cabeça sorrindo. Todos olhamos para trás, na direção da granja, como se observa uma fumarada distante, à espera de ver aparecer as chamas. E realmente, logo vimos entrar uns cavaleiros pela ampla porta da granja. Levantou-se uma nuvem de pó que cobriu tudo; apenas brilhavam as pontas das altas lanças. E apenas desapareceu a tropa na granja, deveu, o que parece, voltar os cavalos, porque empreendeu a marcha para nós. Empurrei a minha irmã, afastando-a; eu sozinho vou pôr isto às claras. Negou-se a deixar-me. Disse-lhe que ao menos devia mudar de roupa para apresentar-se melhor vestida diante desses estranhos. Finalmente obedeceu e empreendeu o longo caminho de volta à casa. Já estavam os cavaleiros junto de nós e sem desmontar perguntaram por minha irmã. "No momento não está aqui", foi a resposta medrosa, "mas virá mais tarde". A resposta foi recebida com indiferença; parecia que o importante, antes de tudo, era ter-me encontrado. Tratava-se, especialmente, de dois senhores, o juiz, um homem jovem e inteligente, e seu silencioso ajudante, ao qual chamavam Asmann. Fui intimado a entrar na taverna do povoado. Lentamente, balançando a cabeça, puxando os suspensórios, pus-me em marcha sob o olhar severo dos senhores. Eu acreditava ainda que bastasse uma só palavra para que eu, homem da cidade, fosse libertado, até com honras, naquele povoado de camponeses. Mas quando cruzei o umbral da sala, disse o juiz, que se tinha adiantado e me esperava ali: "Este homem me causa lástima". Mas era evidente que não se referia à minha condição atual, mas àquilo que haveria de acontecer-me. A sala mais se parecia à cela de um cárcere do que uma taverna campesina. Grandes lájeas de pedra, paredes escuras e nuas, uma argola de ferro no muro, em alguma parte, no meio algo que era metade catre, metade mesa de operações.

Podia eu saborear outro ar a não ser o do cárcere? Esta é a grande pergunta, ou melhor dito, seria, se eu tivesse perspectivas de ser libertado.

UM CRUZAMENTO

Tenho um animal singular, metade gatinho, metade cordeiro. Herdei-o com uma das propriedades de meu pai. Contudo, apenas se desenvolveu ao meu tempo, pois anteriormente possuía mais de cordeiro que de gatinho. Agora participa das duas naturezas igualmente. Do gato, a cabeça e as unhas; do cordeiro, o tamanho e a figura; de ambos, os olhos, selvagens e acesos; o pêlo, suave e bem assentado; os movimentos, já saltitantes, já lânguidos. Ao sol, sobre o parapeito da janela, faz-se uma bola e ronroneia. No prado corre como enlouquecido e mal se pode alcançá-lo. Foge dos gatos e pretende atacar os cordeiros. Em noites de lua são as telhas o seu caminho preferido. Não pode miar e tem repugnância pelos ratos. É capaz de passar horas inteiras à espreita diante do galinheiro, mas até agora não aproveitou nunca a ocasião de matar.

Alimento-o com leite doce; é o que melhor lhe assenta. Bebe-o sorvendo-o a longos tragos por entre seus dentes ferozes. Naturalmente, é um espetáculo completo para as crianças. No domingo pela manhã é hora de visitas. Ponho o animalzinho sobre os meus joelhos e as crianças de toda a vizinhança detêm-se ao meu redor.

Então são formuladas as perguntas mais maravilhosas, essas que nenhum ser humano pode responder: por que existe apenas um animal como este, por que eu o tenho, exatamente eu, se antes dele existiu já outro animal assim e como será depois de morto, se se sente muito só, por que não dá cria, como se chama, etc.

Não me dou ao trabalho de responder, e contento-me em mostrar, sem mais explicações, aquilo que possuo. Às vezes, as crianças vêm com gatos e uma vez, até trouxeram dois cordeiros. Mas contrariamente às suas esperanças, não se produziram cenas de reconhecimento. Os animais olhavam-se tranqüilamente com olhos animais e consideraram, sem dúvida, reciprocamente, sua existência como uma obra divina.

Sobre os meus joelhos, este animal não conhece nem o medo nem desejos de perseguir ninguém. Acocorado contra mim é como se sente melhor. Está apegado à família que o criou. Isto não pode ser considerado, por certo, como uma demonstração de fidelidade extraordinária, porém como o reto instinto de um animal que na terra tem inumeráveis parentes políticos, mas talvez nem um só consanguíneo, e para o qual, por isso, lhe parece sagrada a proteção que encontrou entre nós.

Às vezes me faz rir quando me fareja, desliza-se por entre minhas pernas, e não há modo de afastá-lo de mim. Não satisfeito em ser gato e cordeiro, quer ser quase cachorro. Aconteceu uma vez que, como pode ocorrer a qualquer um, não encontrava solução para meus problemas de negócios e para tudo o que se relacionasse com eles, e pensava abandonar tudo; em tal estado de espírito enterrei-me na cadeira de palha, com o animal sobre os joelhos, e ao olhar para baixo percebi casualmente que dos longuíssimos pêlos de sua barba gotejavam lágrimas. Eram minhas? Eram suas? Tinha também aquele gato com alma de cordeiro ambição humana? Não herdei grande coisa de meu pai, mas esta herança é digna de ser mostrada.

Tem ambas as inquietações em si, a do gato e a do cordeiro, por diversas que sejam uma e outra. Por isso a pele lhe é estreita. Às vezes salta sobre o assento, ao meu lado, apóia-se com as patas dianteiras em meu ombro e põe o focinho junto ao meu ouvido. É como se me dissesse algo e então se inclina para diante e olha-me na cara para observar a impressão que a comunicação me fez. E para ser complacente com ele, faço como se tivesse compreendido algo e confirmo com a cabeça. Então salta ao solo e começa a bailar ao meu redor.

Talvez o facão do açougueiro fosse uma libertação para este animal, mas como o recebi em herança devo evitar isso. Por isso terá de esperar que o alento lhe falte por si, apesar de que, às vezes, me olhe com olhos humanamente compreensivos, que incitam a agir compreensivamente.

A PONTE

Eu era rígido e frio, eu era uma ponte; estendido sôbre um precipício eu estava. Aquém estavam as pontas dos pés, além, as mãos, encravadas; no lodo quebradiço mordi, firmando-me. As pontas de minha casaca ondeavam aos meus lados. No fundo rumorejava o gelado arroio das trutas. Nenhum turista se extraviava até estas alturas intransitáveis, a ponte não figurava ainda nos mapas. Assim jazia eu e esperava; devia esperar. Nenhuma ponte que tenha sido construída alguma vez, pode deixar de ser ponte sem destruir-se.

Foi certa vez, para o entardecer — se foi o primeiro, se foi o milésimo, não o sei — meus pensamentos andavam sempre confusos, giravam, sempre em círculo. Para o entardecer, no verão, obscuramente murmurava o arroio, quando ouvi o passo de um homem. A mim, a mim. Estira-te, ponte, coloca-te em posição, vigá órfã de balaústres, sustém àquele que te foi confiado. Nivela imperceptivelmente a incerteza de seu passo, mas se cambaleia, dá-te a conhecer e, como um deus da montanha, atira-o à terra firme.

Veio, golpeou-me com a ponta férrea de seu bastão, depois ergueu com ela as pontas de minha casaca e arrumou-as sobre mim. Com a ponta andou entre meu cabelo emaranhado e a deixou longo tempo ali dentro, olhando pròvàvelmente com olhos selvagens ao seu redor. Mas então —

quando eu sonhava atrás dele sobre montanhas e vales — saltou, caindo com ambos os pés na metade de meu corpo. Estremeci-me em meio da dor selvagem, ignorante de tudo o mais. Quem era? Uma criança? Um sonho? Um assaltante de estrada? Um suicida? Um tentador? Um destruidor? E voltei-me para vê-lo. A ponta se volta! Não me voltara ainda, e já me precipitava, precipitava-me e já estava dilacerado e varado nos pontiagudos calhaus que sempre me tinham olhado tão aprazivelmente da água veloz.

A PARTIDA

Dei ordem de irem buscar meu cavalo ao estábulo. O criado não me compreendeu. Fui eu mesmo ao estábulo, ensilhei o cavalo e montei. Ao longe ouvi o som de uma trombeta, perguntei o que significava aquilo. Ele de nada sabia, não ouvira nada. No portão deteve-me, para perguntar-me:
— Para onde cavalga o senhor?
— Não o sei — respondi —. Apenas quero ir-me daqui, somente ir-me daqui. Partir sempre, sair daqui, apenas assim posso alcançar minha meta.
— Conheces, então, tua meta? — perguntou ele.
— Sim — respondi eu —. Já disse. Sair daqui: esta é minha meta.

RENÚNCIA!

Era muito cedo, pela manhã, as ruas estavam limpas e vazias, eu ia à estação. Ao verificar a hora em meu relógio com a do relógio de uma torre, vi que era muito mais tarde do que eu acreditara, tinha que apressar-me bastante; o susto que me produziu esta descoberta me fez perder a tranqüilidade, não me orientava ainda muito bem naquela cidade. Felizmente havia um policial nas proximidades, fui até êle e perguntei-lhe, sem fôlego, qual era o caminho. Sorriu e disse:
— Por mim queres conhecer o caminho?
— Sim — disse —, já que não posso encontrá-lo por mim mesmo.
— Renuncia, renuncia — disse e voltou-se com grande ímpeto, como as pessoas que querem ficar a sós com o seu riso.

DE NOITE

Submergir-se em a noite! Assim como às vezes se enterra a cabeça no peito para refletir, fundir-se assim por completo em a noite. Em redor dormem os homens. Um pequeno espetáculo, um auto-engano inocente, é o dormir em casas, em camas sólidas, sob teto seguro, estendidos ou encolhidos, sobre colchões, entre lençóis, sob cobertas; na realidade, encontraram-se reunidos como outrora uma vez e como depois em uma comarca deserta: um acampamento à intempérie, uma incontável quantidade de pessoas, um exército, um povo sob um céu frio, sobre uma terra fria, atirados ao solo ali onde antes se esteve de pé, com a fronte apertada contra o braço, e a cara contra o solo, respirando tranqüilamente. E tu velas, és um dos vigias, encontras ao próximo agitando o madeiro aceso que tomaste do montão de estilhas, junto a ti. Por que velas? Alguém tem que velar, se disse. Alguém precisa estar aí.

O TIMONEIRO

— Não sou acaso timoneiro? — exclamei.
— Tu? — perguntou um homem alto e escuro, e passou as mãos pelos olhos, como se dissipasse um sonho.

Eu estivera ao timão em noites escuras, com a débil luz do farol sobre a minha cabeça, e agora tinha vindo aquele homem e queria pôr-me de lado. E como eu não cedesse, pôs o pé sobre meu peito e empurrou-me lentamente contra o solo, enquanto eu continuava sempre aferrado à roda do timão e a arrancava ao cair. Então o homem apoderou-se dela, pô-la em seu lugar e me deu um empurrão, afastando-me. Refiz-me depressa, contudo, fui até a escotilha que levava ao alojamento da tripulação, e gritei:

— Tripulantes! Camaradas! Venham depressa! Um estranho tirou-me o timão!

Chegaram lentamente, subindo pela escadinha, eram formas poderosas, oscilantes, cansadas.

— Sou eu o timoneiro? — perguntei.

Assentiram, porém apenas tinham olhares para o estranho, ao qual rodeavam em semicírculo, e quando com voz de mando ele disse: "Não me aborreçam", reuniram-se, olharam-me assentindo com a cabeça e desceram outra vez a escadinha. Que povo é este? Pensa também, ou apenas se arrasta sem sentido sobre a terra?

O PIÃO

Um filósofo costumava freqüentar os locais onde brincavam os meninos. E quando via um pequeno com um pião, punha-se à espreita. Apenas estava o pião em movimento, o filósofo perseguia-o para segurá-lo. Que os meninos fizessem bulha e procurassem afastá-lo de seu jogo não lhe dava cuidado, e era feliz tendo-o seguro enquanto girava, mas isto durava apenas um instante, então atirava-o ao solo e ia-se. Acreditava, com efeito, que o conhecimento de qualquer minúcia, como por exemplo um pião que girava sobre si mesmo, bastava para alcançar o conhecimento do geral. Daí que se descurasse dos grandes problemas, que não lhe pareciam econômicos. Conhecida realmente a minúcia mais insignificante, era conhecido o todo, pelo que se ocupava apenas do pião semovente. E quando se faziam os preparativos para fazer girar o pião, tinha sempre a esperança de que tudo saísse bem e, se o pião girava, em meio das carreiras sem fôlego, sua esperança se tornava certeza, mas quando ficava com o tolo pedaço de madeira na mão, sentia-se mal, e o berreiro dos meninos, que até então não ouvira e que agora, de súbito, lhe atroava os ouvidos, o expulsava dali, e cambaleava como um pião sob um látego torpe.

FÀBULAZINHA

— Ai! — dizia o rato —. O mundo se torna cada dia mais pequeno. Primeiro era tão amplo que eu tinha medo, seguia adiante e sentia-me feliz ao ver à distância, à direita e esquerda, alguns muros, mas esses longos muros se precipitam tão velozmente uns contra os outros, que já estou no último quarto, e ali, no canto, está a armadilha para a qual vou.

— Apenas tens que mudar a direção de tua marcha — disse o gato, e comeu-o.

UMA CONFUSÃO COTIDIANA

Um acontecimento de todos os dias: o suportá-lo, uma confusão cotidiana. A tem que fechar um negócio importante com B, de H. Vai a H, para o encontro prévio, cobre em dez minutos o trajeto de ida e em outros tantos o de volta e se jacta em sua casa desta singular rapidez. No dia seguinte caminha outra vez para H, agora para fechar já o negócio em definitivo. Posto que, previsivelmente, o assunto terá de demorar várias horas, A parte de manhã muito cedo. Se bem que todos os aspectos subsidiários, ao menos segundo o parecer de A, são exatamente os mesmos que na véspera, necessita desta vez dez horas para cobrir o trajeto até H.

Quando chega alí, cansado, ao anoitecer, é informado de que B, contrariado pela ausência de A, saiu há meia hora para a cidade de A a fim de vê-lo ali e que, na verdade, ambos deviam ter-se encontrado no caminho. Aconselha-se a A que espere. Mas A, temendo pela sorte do negócio, apronta-se logo e volta depressa à sua casa.

Desta vez, sem prestar atenção especial nisso, percorre a distância em um instante. Em sua casa inteira-se de que B chegou ali muito cedo, mal se tinha ido A; sim, topou com A na porta da casa, recordou-lhe o negócio, mas A disse que nesse momento não tinha tempo, que precisava sair apressado.

Apesar da inexplicável atitude de **A**, **B** ficou ali para esperar a **A**. Repetidas vezes perguntou se **A** não estava já de volta, mas se encontra ainda em cima, no quarto de **A**. Feliz por poder falar ainda com **B** e explicar-lhe tudo, **A** sobe a escada. Estando quase lá em cima, tropeça, sofre um dilaceramento de tendão e meio desmaiado de dor, incapaz sequer de gritar, gemendo na obscuridade, ouve confusamente como **B**, a grande distância ou junto a ele, desce a escada furioso, dando fortes pisadas e desaparece definitivamente.

O CAVALEIRO DA CUBA

Esgotado todo o carvão; vazia a cuba; a medida sem nenhuma razão já; a chaminé respirando frio; o quarto cheio do sopro da nevasca; diante da janela, árvores rígidas de geada; o céu, um escudo de prata voltado contra aquele que lhe peça ajuda. Preciso de carvão; não devo congelar-me; atrás de mim a chaminé inóspita, diante de mim, o céu igualmente desapiedado, pelo qual deverei cavalgar entre ambos e em meio de ambos buscar ajuda no do carvoeiro. Mas diante de minhas súplicas habituais ele já se endureceu; devo provar-lhe exatamente que não me resta nem o mais leve pozinho de carvão e que, por isso mesmo, ele é para mim, como o sol dos céus. Devo apresentar-me como o mendigo que trêmulo de fome decide morrer no umbral da porta e a quem, por isso, a cozinheira dos senhores se decide a servir a borra do último café; assim também, furioso, mas à luz do mandamento "não matarás", o carvoeiro terá que atirar-me uma medida cheia na cuba.

Minha subida vai decidi-lo; por isso vou para lá, montado na cuba. Cavaleiro na cuba, e posta a mão na asa, sela muito sensível, desço penosamente a escada; porém, uma vez em baixo, minha cuba sobe; magnífico! magnífico! Os camelos deitados em terra não se erguem sacudindo-se com mais beleza sob o bastão do guia. Adiantamo-nos a trote regular pela ruazinha gelada; com freqüência vejo-me erguido até a altura do primeiro andar; nunca chego a descer até a porta que dá para a rua. Diante do abobadado sótão do carvoeiro flutuo a extraordinária altura, enquanto ele, lá embaixo, escreve, encolhido diante de sua mesinha; para dar passagem ao calor excessivo abriu a porta.

— Carvoeiro! — grito, com voz surda, queimada pelo frio, e escondido pelas nuvens de meu hálito úmido — por favor, carvoeiro, dá-me um pouco de carvão. Minha cuba está vazia, a tal ponto que posso cavalgar sobre ela. Sê bom. Tão logo eu possa, pagar-te-ei.

O carvoeiro levou a mão ao ouvido.

— Ouço bem? — pergunta por cima do ombro à sua mulher, que tece sentada no banco da chaminé —, ouço bem? Um cliente.

— Não ouço nada — disse a mulher, respirando tranqüilamente por cima das agulhas de tecer, com um agradável calorzinho nas costas.

— Oh, sim! — exclamo — Sou eu; um velho cliente; um servidor certo; apenas momentaneamente carente de meios.

— Mulher — diz o carvoeiro —, há alguém aí, há alguém; não posso equivocar-me até esse ponto; tem de ser um cliente antigo, muito antigo, para que assim saiba falar-me ao coração.

— Que se passa contigo, homem? — diz a mulher e aperta seu trabalho contra o peito, descansando por um instante —. Não é ninguém, a rua está vazia e toda a nossa clientela está já servida; podemos fechar o negócio por uns dias e descansar.

— Mas eu estou aqui, sentado sobre a cuba — grito, e insensíveis lágrimas de frio velam meus olhos — Por favor, olhem para cima; me verão logo; peço uma medida cheia; e se me dessem duas, vocês me fariam ainda mais feliz. Toda a clientela está já provida. Ah, se eu pudesse ouvi-lo soar já na cuba!

— Vou — disse o carvoeiro, e quer subir pela escada com suas pernas curtas, mas a mulher está já junto a ele, toma-o pelo braço e diz:

— Tu ficas. Se não desistes de tua teimosia, serei eu quem suba. Lembra-te de tua tosse durante a noite. Mas por um negócio, mesmo apenas imaginário, esqueces mulher e filho e sacrificas os teus pulmões. Eu irei.

— Então dize-lhe todas as espécies que temos em depósito; eu te cantarei os preços.

— Está bem — disse a mulher, e sobe até a rua. Naturalmente, me vê logo.

— Senhora carvoeira — exclamo —, minha cordial saudação; apenas uma medida de carvão; aqui, depressa, na cuba; eu mesmo a levarei para casa; uma medida do pior. Pagarei tudo, está claro, mas não agora mesmo, não agora mesmo.

Que tinir de sinos são essas duas palavras "não agora", e quão perturbadoramente para os sentidos se misturam ao toque da tarde que precisamente me chega da próxima torre da igreja!

— Que é, então, o que deseja? — exclama o carvoeiro.

— Nada — replica-lhe a mulher —, se não existe ninguém; não vejo nada, não ouço nada; apenas estão batendo as seis horas e nós fechamos. Faz um frio terrível; amanhã teremos provavelmente muito trabalho ainda.

Não vê nada, não ouve nada, e contudo, solta o cinto do avental e procura afugentar-me com ele. Por desgraça o consegue. Minha cuba tem todas as vantagens de um animal de sela; carece de forças para resistir; é por demais leve; um avental de mulher obriga suas patas a deixar o solo.

— Mulher ruim! — grito-lhe ainda, enquanto ela, voltando-se para a loja, entre desprezadora e satisfeita, dá um golpe no ar com a mão —. Má! Pedi-te uma medida do pior e não me deste nada.

E com isso me elevo às regiões dos pinheiros gelados e perco-me de vista para sempre.

O CASAL

A situação geral dos negócios é tão má que, às vézes, quando consigo desocupar-me um instante no escritório, tomo a carteira de amostras e visito pessoalmente os clientes. Entre outras diligências, tinha-me proposto chegar alguma vez até o escritório de N, com quem antes mantinha permanentes relações comerciais que, contudo, no último ano, por razões que desconheço, chegaram a afrouxar-se quase por completo. Para tais perturbações não é necessário em realidade existam motivos; nas atuais circunstâncias de incerteza, com freqüência provoca isso uma ninharia, um matiz, e da mesma maneira, uma ninharia, uma palavra, pode tornar a arrumar tudo. Mas é um pouco difícil avançar, até N. É um homem de idade, que nos últimos tempos estava bastante enfermo, e que, apesar de dirigir ainda os negócios, mal vai até o seu comércio; se alguém deseja vê-lo, deve ir à sua residência, mas geralmente prefere-se postergar uma diligência comercial de tal índole.

Contudo, ontem à tarde, depois das seis, pus-me a caminho; já não era hora de visita, mas a questão não devia ser julgada de maneira social, porém comercialmente. Tive sorte. N. estava em casa; acabava de voltar de um passeio com sua esposa, como fui informado na ante-sala, e se encontrava agora no quarto de seu filho, que se achava acamado, enfermo. Convidaram-me a ir também ali; a princípio hesitei, mas depois prevaleceu o desejo de terminar quanto antes a penosa visita e decidi-me, assim como estava, com o sobretudo posto, chapéu e pasta na mão, me deixei levar através de um quarto escuro para outro, suavemente iluminado, onde se encontravam várias pessoas.

De modo certamente instintivo, meu olhar recaiu primeiro em um agente de negócios, muito conhecido por mim, por ser meu competidor. Tinha-se portanto deslizado até aqui adiantando-se a mim. Estava comodamente instalado junto à cama do enfermo, como se ele fosse o médico; com seu formoso sobretudo aberto, acolchoado, dava impressão de ser todo-poderoso; seu descaramento era insuperável; algo semelhante deveu pensar também o enfermo, que jazia com as faces purpureadas pela febre e que de vez em quando olhava para ele. Além do mais, o filho já não é jovem; um homem de minha idade, de barba curta um tanto descuidada devido à enfermidade.

O velho N., grande, de ombros largos, surpreendentemente enfraquecido pelo seu traiçoeiro mal, encurvado e inseguro, permanecia ainda como tinha chegado, com o abrigo posto e murmurava algo em direção a seu filho. Sua senhora, pequena e frágil, ainda extremamente vivaz, mas apenas em que se referia a ele — aos outros mal nos via — achava-se ocupada em tirar-lhe o abrigo, o que pela diferença de estatura entre ambos oferecia algumas dificuldades. Mas finalmente o conseguiu. Talvez a verdadeira dificuldade estava em que N., muito impaciente, não cessava, tateando com suas mãos inquietas, de pedir a poltrona, que por fim a mulher, depois de ter-lhe tirado o sobretudo, empurrou com pressa para ele. Ela mesma tomou o abrigo, debaixo do qual quase desaparecia, e levou-o.

Por fim, pareceu chegado o momento meu, ou melhor, não tinha chegado, não chegaria nunca aqui; em realidade, se eu ainda queria tentar algo, devia ser de imediato, porque tinha a impressão de que as possibilidades para uma conversação de negócios apenas podiam piorar. Mas não era de meu hábito eternizar-me em um assento, como o pretendia certamente o agente; por outra parte não queria, não queria demonstrar consideração a este. De modo que comecei a expor brevemente meu assunto, apesar de que notava que N. tinha desejos de conversar algo com seu filho. Infelizmente, tenho o costume, quando me excito com a conversação — e isto acontece quase de imediato e aconteceu neste quarto de enfermo mais do que em outras oportunidades — de erguer-me e passear enquanto falo. No escritório de alguém isto pode ser muito conveniente, mas é bastante incômodo na casa alheia. Contudo, não pude dominar-me, especialmente porque me faltava o cigarrinho habitual. Certamente, todos temos maus hábitos, com o que todavia elogio os meus em comparação com os do agente. Que dizer, por exemplo, do fato de que, com freqüência, de modo completamente inesperado, colocava o chapéu na cabeça, depois de tê-lo empurrado suavemente daqui para ali sobre os joelhos. Claro que no mesmo instante torna a tirá-lo, como se tivesse acontecido por descuido, mas de qualquer maneira teve-o um momento na cabeça, e isto acontece de tempo em tempo. Creio que semelhante comportamento é na verdade intolerável. A mim não incomoda, vou e venho, estou completamente absorvido pelo meu assunto e olho por cima dele; mas deve haver gente, à qual a prova com o chapéu há de irritar. Em meu ardor não presto atenção a incômodos dessa espécie nem a nada; vejo sim, o que acontece, mas até que não terminei ou até que não ouço objeções, de certo modo não tomo conhecimento disso. Assim, por exemplo, notei perfeitamente que N. não estava em condições de prestar atenção: remexia-se incomodado, as mãos nos braços da poltrona, olhava para o vazio com expressão de busca desatinada e seu rosto parecia tão ausente como se nenhum som de meu discurso nem o menor sinal de minha presença chegasse até ele. Eu via que todo esse comportamento enfermiço me dava poucas esperanças, mas apesar disso continuava falando como se tivesse ainda a intenção de endireitar tudo com minhas palavras, com minhas vantajosas ofertas. Eu mesmo assustei-me com as concessões que fazia sem que ninguém mas pedisse. Certa satisfação me produziu ainda que o agente, como notei de passagem, deixasse enfim em paz seu chapéu e cruzasse os braços sobre o peito: minha exposição, em parte destinada a ele, parecia estropiar seus projetos. A satisfação que isso me produziu certamente me teria incitado a continuar falando longamente se o filho, ao qual tinha prestado pouca atenção por ser um personagem secundário para mim, não me tivesse reduzido a silêncio erguendo-se a meio e ameaçando-me com o punho. Evidentemente, queria dizer algo, mostrar algo, mas não tinha forças suficientes. A princípio atribuí tudo isto ao delírio da febre; quando involuntàriamente olhei para o velho, compreendi tudo melhor. N. estava sentado com os olhos abertos, vidrados, inchados, que apenas podiam servir-lhe alguns instantes mais; inclinava-se trêmulamente para diante como se alguém o segurasse ou golpeasse-lhe a nuca; o lábio inferior, o próprio maxilar, pendia inerte, mostrando as gengivas; todo o rosto estava transtornado; ainda respirava, embora com dificuldade, mas depois, como libertado, caiu para trás, contra o espaldar, fechou os olhos, a expressão de que fazia algum grande esforço passou ainda por seu rosto e tudo terminou. Saltei para ele, tomei a mão que pendia sem vida, gelada, e deu-me um calafrio. Já não havia pulso. Tudo havia terminado. Certamente, tratava-se de um homem de idade. Oxalá o morrer não seja para nós mais árduo. Mas, quanto havia a fazer agora! E o que teria maior urgência? Olhei em redor, procurando água. Mas o filho subira o cobertor até cobrir-se a cabeça, ouvia-se seu pranto interminável. O agente, frio como um sapo, continuava firme em sua poltrona, visivelmente decidido a não fazer outra coisa senão esperar o transcurso do tempo; eu, somente eu, ficava para fazer algo e empreender depois o mais difícil: comunicar à mulher a notícia de algum modo suportável, quer dizer de uma maneira que não existe. E já ouvia seus passos diligentes e arrastados na peça contígua. Trouxe — ainda em roupa de passeio, não tivera tempo de trocar-se — uma camisola amornada na estufa e queria vesti-la no marido. "Adormeceu", disse, movendo a cabeça com um sorriso ao notar-nos tão silenciosos. E com a infinita fé dos inocentes, tomou a mesma mão que há um instante eu tivera na minha com desagrado e apreensão, beijou-a como em um pequeno jogo conjugal, e — como teríamos aberto os olhos os outros três! — N. se moveu, bocejou ruidosamente, deixou-se vestir a camisola, tolerou com rosto ironicamente desgostoso as ternas censuras de sua mulher pelo excessivo esforço realizado no passeio muito longo, e disse, para justificar que se tivesse adormecido, algo relativo ao aborrecimento. Depois, para não se resfriar indo a outra sala, por um pouco se recostou na cama do filho. Junto aos pés deste, sobre duas almofadas rapidamente trazidas pela mulher, descansou a cabeça. Depois do acontecido, não achei nada estranho nisso. Então pediu o jornal da tarde, tomou-o sem consideração com os visitantes, mas sem ler, olhava apenas aqui e ali e nos disse entretanto, com olhar cortante, assombrosamente comercial, algumas coisas sumamente desagradáveis a respeito de nossas propostas, enquanto que com a mão livre continuamente fazia movimentos de arrojar algo e significava, estalando a língua, o mau gosto que lhe provocava nossa conduta comercial.

O agente não pôde deixar de fazer algumas observações inadequadas, sentia provavelmente em sua grosseria que depois do que acontecera devia produzir-se alguma compensação. Eu me despedi depressa; quase estava agradecido ao agente; sem sua presença não teria tido a coragem de retirar-me tão depressa.

Na ante-sala encontrei-me ainda com a senhora N. Ao ver sua mísera figura disse-lhe sinceramente que me recordava um pouco a minha mãe. E como permanecesse calada, acrescentei: "Diga-se aquilo que se quiser; podia fazer milagres. O que nós já tínhamos destruído, ela sabia compor. Perdia-a na meninice." Falara deliberadamente com exagerada lentidão e clareza, porque suspeitava que a senhora fosse um pouco surda. E provavelmente o era, porque perguntou sem transição: "E o aspecto de meu marido?" Por algumas palavras de despedida notei que me confundia com o agente; creio que de outra maneira teria sido mais atenciosa.

Depois desci a escada. A descida foi mais difícil que a subida, muito embora esta não fora fácil. Ah, que desgraçadas diligências comerciais existem, e se tem que continuar levando a carga!

O VIZINHO

Meu negócio descansa inteiramente sobre os meus ombros. Duas senhoritas com suas máquinas de escrever e seus livros comerciais no primeiro quarto, e uma escrivaninha, caixa, mesa de informações, cadeira de braços e telefone no meu, constituem todo meu aparelhamento de trabalho. É muito fácil controlar isso com uma vista de olhos, e dirigi-lo. Sou muito jovem e os negócios se acumulam aos meus pés. Não me queixo, não me queixo.

Desde o Ano Novo, um jovem alugou sem hesitar a sala contígua, pequena e desocupada, que por tanto tempo titubeei, estupidamente, em tomar para mim. Trata-se de um quarto com antecâmara e, além do mais, uma cozinha. Tivesse podido utilizar o quarto e a antecâmara — minhas duas empregadas sentiram-se mais de uma vez sobrecarregadas em suas tarefas —, mas, para que me teria servido a cozinha? Esta pequena hesitação foi a causa de permitir que me tirassem a sala. Nela está instalado, pois, esse jovem. Chama-se Harras. Com exatidão não sei o que faz ali. Sobre a porta lê-se: "Harras, escritório". Pedi informações, comunicaram-me que se trataria de um negócio idêntico ao meu. Na realidade, não vem ao caso dificultar-lhe a concessão de créditos, pois se trata de um homem jovem e de aspirações, cujas atividades tenham talvez futuro, mas não se poderia, contudo, aconselhar que se lhe outorgue crédito, pois atualmente, segundo todas as presunções, careceria de fundos. Quer dizer, a informação que se dá habitualmente quando não se sabe de nada.

Às vezes encontro Harras na escada, deve ter sempre uma pressa extraordinária, pois se escapule diante de mim. Nem mesmo pude vê-lo bem ainda, e já tem pronta na mão a chave do escritório. Num instante abre a porta, e antes que o observe bem já deslizou para dentro como a cauda de uma rata e aí tenho outra vez à minha frente o cartaz "Harras, escritório", que li muitas mais vezes do que o merece.

A miserável finura das paredes, que denunciam o homem eternamente ativo, ocultam porém o desonesto. O telefone está apenso à parede que me separa do quarto de meu vizinho. Não obstante, destaco-o apenas como constatação particularmente irônica. Mesmo quando pendesse da parede oposta, ouvir-se-ia tudo da sala vizinha. Evitei o meu costume de pronunciar ao telefone o nome de meus clientes. Mas não é necessária muita astúcia para adivinhar os nomes através de característicos mas inevitáveis torneios da conversação. Às vezes, aguilhoado pela inquietação, sapateio nas pontas dos pés em volta do aparelho, com o receptor no ouvido, mas não posso impedir que se revelem segredos.

Naturalmente, as resoluções de caráter comercial se tornam assim inseguras e minha voz, trêmula. Que faz Harras enquanto telefono? Se quisesse exagerar muito — o que é preciso fazer com freqüência para ver claro —, poderia dizer: Harras não precisa telefone, usa o meu, colocou o sofá contra a parede e escuta; eu, em troca, quando o telefone toca, devo ir atender, tomar nota dos desejos do cliente, adotar resoluções graves, sustentar conversações de grandes proporções, porém, antes de tudo, proporcionar a Harras informações involuntárias, através da parede.

Ou antes, nem mesmo espera o fim da conversação, porém que se ergue depois da passagem que lhe informa suficientemente sobre o caso, atira-se, segundo o seu costume, através da cidade e, antes de eu ter pendurado o receptor, está talvez trabalhando já contra mim.

O EXAME

Sou um criado, mas não há trabalho para mim. Sou medroso e não me ponho em evidência; nem sequer me coloco em fila com os outros, mas isto é apenas uma das causas de minha falta de ocupação; também é possível que minha falta de ocupação nada tenha a ver com isso; o mais importante é, em todo caso, que não sou chamado a prestar serviço; outros foram chamados e não fizeram mais gestões que eu; e talvez nem mesmo tenham tido alguma vez o desejo de serem chamados, enquanto que eu o senti, às vezes, muito intensamente.

Assim permaneço, pois, no catre, no quarto dos criados, o olhar fixo nas vigas do teto, durmo, desperto, e, em seguida, torno a adormecer. Às vezes cruzo até a taverna onde servem cerveja azeda; algumas vezes por desfastio emborquei um copo, mas depois volto a beber. Gosto de sentar-me ali porque, atrás da pequena janela fechada e sem que ninguém me descubra posso olhar as janelas de nossa casa. Não se vê grande coisa; sobre a rua, dão, segundo creio, apenas as janelas dos corredores, e além do mais, não daqueles que conduzem aos aposentos dos senhores; é possível também que eu me engane; alguém o sustentou certa vez, sem que eu lho perguntasse, e a impressão geral da fachada o confirma. Apenas de vez em quando são abertas as janelas, e quando isso acontece, o faz um criado, o qual, então, se inclina também sobre o parapeito para olhar para baixo um instantinho. São, pois, corredores onde não pode ser surpreendido. Além do mais não conheço esses criados; os que são ocupados permanentemente na parte de cima, dormem em outro lugar; não em meu quarto.

Uma vez, ao chegar à hospedaria, um hóspede ocupava já meu posto de observação; não me atrevi a olhar diretamente para onde estava e quis voltar-me na porta para sair em seguida. Mas o hóspede me chamou e, assim, então, percebi que era também um criado ao qual eu tinha visto alguma vez e em alguma parte, embora sem ter falado nunca com ele até aquele dia.

— Por que queres fugir? Senta-te aqui e bebe. Eu pago.

Sentei-me, pois. Perguntou-me algo, mas não pude responder-lhe; não compreendia sequer as perguntas. Pelo que eu disse:

— Talvez agora te aborreça o fato de ter-me convidado. Vou-me, pois.

E quis erguer-me. Mas ele estendeu a mão por cima da mesa e me manteve em meu lugar.

— Fica-te — disse —. Isto era somente um exame. Aquele que não responde às perguntas está aprovado no exame.

ADVOGADOS

Não havia nenhuma certeza de que eu tivesse advogado; não conseguia descobrir nada de concreto sobre o ponto. Todos os rostos eram repulsivos; quase todas as pessoas com as quais eu me encontrava e com as quais voltava a cruzar uma e outra vez nos corredores, tinham aspecto de velhas gordas; traziam grandes aventais de cor azul-escuro, raiados de branco, que lhes cobriam todo o corpo; esfregavam-se o ventre e se moviam pesadamente de um lado para outro. Nem mesmo me era dado descobrir se nos achávamos em um palácio de justiça. Certas coisas pareciam indicá-lo e muitas o negavam. Por cima de todas as singularidades, o que mais me lembrava um tribunal era um retumbar ininterrupto que ouvia ao longe; não se podia dizer de que direção provinha; enchia a tal ponto todos os ambientes, que se podia pensar que vinha de todos os lados; ou, o que ainda parecia mais exato, que o local onde casualmente estava alguém fosse o verdadeiro local daquele retumbar; mas certamente aquilo era um erro, pois o rumor vinha de longe. Esses corredores, estreitos, sensivelmente abobadados, de trajeto suavemente curvo, com altas portas economicamente decoradas, até pareciam criados para um profundo silêncio; eram os corredores de um museu ou de uma biblioteca. Mas se não era um tribunal, por que estava eu procurando aqui um advogado? Porque eu procurava onde quer que fosse um advogado; onde quer que fosse necessário; necessita-se dele menos em um tribunal que em outra parte, pois seria de presumir que o tribunal pronuncia sua sentença segundo a lei. Se se admitisse que aqui se procede com injustiça ou levianamente, a vida seria impossível; é preciso confiar em que o tribunal deixe campo livre à majestade da lei, pois este é seu único dever; na própria lei está todo conteúdo; acusação, defesa e sentença; a intervenção autônoma de uma pessoa aqui, seria sacrilégio. Outra coisa é o que diz respeito ao estado de uma sentença; esta se baseia em verificações aqui e ali entre parentes e estranhos, amigos e inimigos, na família e no público, na cidade e na aldeia; em uma palavra, em todas as partes. Aqui é de urgente necessidade contar com um advogado, advogados em quantidade, os melhores advogados, um junto ao outro, uma muralha viva, pois os advogados são, por natureza, lentos; os demandantes, em troca, esses raposos astutos, essas ágeis comadres, esses ratinhos invisíveis, passam pelos menores buracos, deslizam velozmente por entre as pernas dos advogados. Cuidado, portanto! Por isso estou aqui; eu coleciono advogados. Mas ainda não encontrei nenhum; apenas estas velhas vão e vêm, sempre igual; se não estivesse empenhado na busca, isto me daria sono. Não me encontro no lugar apropriado; infelizmente não posso subtrair-me à impressão de que não estou no lugar devido. Deveria encontrar-me em um local onde se reunissem pessoas de todo gênero, de diferentes comarcas, de todo estado e ofício, de diversas idades; deveria ter a possibilidade de escolher cuidadosamente entre uma multidão aos aptos, aos amáveis, àqueles que têm um olhar para mim. Para o caso talvez fosse mais apropriado uma grande feira anual. Em troca, perambulo por estes corredores, onde apenas é dado ver estas velhas, e mesmo dentre elas não a muitas, e sempre as mesmas; e ainda estas poucas, apesar de sua lentidão, não se deixam deter por mim, escapolem-me, flutuam como nuvens de chuva, estão totalmente absorvidas por ocupações desconhecidas. Por isso me apresso a entrar cegamente na casa, não leio a inscrição sobre o pórtico, estou em seguida nos corredores, instalo-me com teimosia tal que não consigo lembrar em absoluto ter estado jamais diante da casa, ter subido jamais as escadas. Não devo retroceder, porém; essa perda de tempo, esse reconhecimento de um erro, ser-me-ia intolerável. Como? Descer uma escada nesta vida breve, apressada, acompanhada de um retumbar impaciente? Impossível. O tempo que te foi concedido é tão curto que tu, quando perdes um segundo, perdes a tua vida inteira; porque não és mais longa, senão apenas tão longa como o tempo que perdes. Se iniciaste, portanto, um caminho, segue adiante a despeito de qualquer circunstância; apenas podes ganhar; não corres perigo nenhum! talvez ao fim te despenhes, mas se tivesses voltado após os primeiros passos e descido a escada terias te despenhado no começo mesmo; e não talvez, mas com toda certeza. Se não encontras nada aqui, nos corredores, abre as portas; se não encontras nada atrás das portas, tens outros andares; se não encontras nada em cima, não importa; lança-te novamente escadas acima. Enquanto não deixas de subir não têm fim os degraus; sob teus pés que sobem, crescem eles para o alto.

REGRESSO AO LAR

Regressei, atravessei o saguão e olho em volta. É a velha granja de meu pai. O charco no meio. Objetos velhos e imprestáveis misturados impedem a passagem para a escada do celeiro. O gato espreita da varanda. Um trapo esfarrapado, atado certa vez a uma barra, enquanto alguém brincava, agita-se ao vento. Cheguei. Quem haverá de me receber? Quem espera atrás da porta da cozinha? A chaminé fumega, estão preparando o café para a ceia. Sentes a intimidade, encontras-te como em tua casa? Não o sei, não estou certo. É a casa de meu pai, mas todos estão um junto ao outro, friamente, como se estivessem ocupados com seus próprios assuntos, que em parte esqueci e em parte não conheci jamais. De que posso lhes servir, que sou para eles, mesmo sendo o filho do pai, o filho do velho proprietário rural? E não me atrevo a chamar à porta da cozinha, e apenas escuto de longe, apenas de longe escuto, tenso sobre os meus pés, mas de maneira tal que não pudesse ser surpreendido escutando. E porque escuto de longe não ouço nada, salvo uma leve pancada de relógio, que ouço ou que talvez apenas creio ouvir, chegando-me desde os dias da infância. O mais que acontece na cozinha é segredo dos que ali estão sentados e que me ocultam. Quanto mais se hesita diante da porta, mais estranho alguém se sente. Que tal se agora alguém a abrisse e me fizesse uma pergunta? Porventura eu mesmo não estaria então, como alguém que deseja esconder seu segredo?

COMUNIDADE

Somos cinco amigos; uma vez saímos um atrás do outro de uma casa; primeiro veio um e pôs-se junto à entrada, depois veio, ou melhor dito, deslizou-se tão ligeiramente como se desliza uma bolinha de mercúrio, o segundo e se pôs não distante do primeiro, depois o terceiro, depois o quarto, depois o quinto. Finalmente, estávamos todos de pé, em uma linha. A gente fixou-se em nós e assinalando-nos, dizia: os cinco acabam de sair dessa casa. A partir dessa época vivemos juntos, e teríamos uma existência pacífica se um sexto não viesse sempre intrometer-se. Não nos faz nada, mas nos incomoda, o que já é bastante; porque se introduz por força ali onde não é querido? Não o conhecemos e não queremos aceitá-lo. Nós cinco tampouco nos conhecíamos antes e, se se quer, tampouco nos conhecemos agora, mas aquilo que entre nós cinco é possível e tolerado, não é nem possível nem tolerado com respeito àquele sexto. Além do mais somos cinco e não queremos ser seis. E que sentido, sobretudo, pode ter esta convivência permanente, se entre nós cinco tampouco tem sentido, mas nós estamos já juntos e continuamos juntos, mas não queremos uma nova união, exatamente em razão de nossas experiências. Mas, como ensinar tudo isto ao sexto, posto que longas explicações implicariam já em uma aceitação de nosso círculo? É preferível não explicar nada e não o aceitar. Por muito que franza os lábios, afastamo-lo empurrando-o com o cotovelo, mas por mais que o façamos, volta outra vez.

BLUMFELD, UM SOLTEIRÃO

Blumfeld, um solteirão, subia uma noite a seu aposento, o que era tarefa fatigante, pois vivia no sexto andar. Enquanto subia pensava, como o fizera com freqüência nos últimos tempos, que aquela vida inteiramente solitária tornava-se muito incômoda, que tinha de subir aqueles seis andares com íntimo formalismo para chegar lá em cima, em seu quarto vazio; ali, novamente com íntimo formalismo, vestir a camisola de dormir, acender o cachimbo, ler algo na revista francesa que subscrevia desde muitos anos atrás, enquanto saboreava um licor de cerejas preparado por ele mesmo, para, finalmente, ao fim de meia hora, ir para a cama, não sem antes ter o cuidado de arrumar inteiramente as roupas do leito, que a criada, rebelde a qualquer indicação, arranjava sempre de acordo com seu humor. Qualquer companhia, qualquer espectador para aqueles misteres teria sido benvindo aos olhos de Blumfeld. Tinha já pensado se não seria conveniente arranjar para si um cachorrinho. Tal animal é alegre e, antes de tudo, agradecido e fiel; um amigo de Blumfeld tem um cachorro assim, o qual não se apega a ninguém, exceção feita a seu dono, e quando fica ausente dele alguns instantes, recebe-o com fortes latidos, maneira pela qual evidentemente quer exprimir sua alegria por ter outra vez encontrado a esse benfeitor extraordinário que é seu senhor. Entretanto, um cachorro tem as suas desvantagens, e mesmo que seja mantido no maior grau de limpeza, suja a casa. Isto é impossível de se evitar, não se pode banhá-lo com água quente cada vez que o fazemos entrar no quarto, o que, por seu lado, atentaria contra a sua saúde. Mas Blumfeld não tolera sujeira em seu aposento, a limpeza de sua moradia é algo indispensável para ele e muitas vezes por semana discute a esse respeito com a, desgraçadamente, não muito escrupulosa criada. Sendo ela dura de ouvido, freqüentemente a arrasta por um braço até aqueles lugares de sua moradia dos quais tem algo a dizer sobre a limpeza. Graças a esta severidade conseguiu que a ordem em sua moradia corresponda aproximadamente a seus desejos. Com a introdução de um cachorro, ele próprio implantaria em seu quarto a sujeira até agora combatida com tanto zelo. As pulgas, eternas companheiras do cachorro, fariam sua aparição. Mas se acontecesse de haver pulgas ali, tampouco estaria longe o momento em que Blumfeld deixaria ao cachorro seu confortável quarto para procurar outra moradia. A falta de asseio era, porém, apenas uma das desvantagens dos cachorros. Eles também ficam doentes e as enfermidades dos cachorros ninguém, em verdade, as entende. O animal acocora-se então a um canto, ou anda claudicando, geme, tosse, sufoca-se de dor, envolvêmo-lo em um cobertor, assobia-se-lhe alguma coisa, encostamos-lhe um pouco de leite, em suma, cuida-se dele com a esperança de que se trate de uma moléstia passageira dentro do possível; contudo, pode ser enfermidade séria, repugnante e contagiosa. E mesmo quando o cachorro goza de boa saúde, algum dia terá de estar velho, não se acabou de tomar a decisão de desfazer-se oportunamente do animal e chega então o tempo em que a própria idade olha-nos através dos olhos lacrimosos do cachorro. Então é preciso atormentar-se por causa desse animal semicego, de precários pulmões e tão carregado de sujeira que mal se pode mover, com o que se pagam caras as alegrias que outrora proporcionara. Blumfeld prefere continuar subindo sozinho a escada por mais trinta anos, do que ser molestado depois por um cachorro que, suspirando ainda mais fortemente do que ele próprio, subisse a seu lado arrastando-se de degrau em degrau.

Blumfeld terá de ficar, portanto sozinho, precisando dos antolhos de uma velha solteirona que deseja ter a seu lado algum ser vivo subordinado a ela, ao qual possa proteger, com o qual possa ser carinhosa, ao qual possa continuar servindo sempre, e para isso bastam um gato, um canário, e mesmo peixes coloridos. E se isto não pode ser, contenta-se mesmo em ter flores na janela. Blumfeld, pelo contrário, apenas quer ter uma companhia, um animal do qual não tenha de se ocupar em demasia, ao qual um pontapé ocasional não faça dano, que sendo necessário possa pernoitar na rua, mas que, quando Blumfeld o requeira, ponha-se logo à sua disposição latindo, saltando e lambendo-lhe as mãos. Algo nesse estilo deseja Blumfeld, mas como, conforme percebe, não pode tê-lo sem desvantagens excessivas, desiste disso, retornando, porém, de acordo com sua natureza profunda e de tempo em tempo, como por exemplo esta noite, aos mesmos pensamentos.

Quando, chegado lá em cima, diante da porta de seu quarto, tira a chave do bolso, chama-lhe a atenção um ruído que vem de sua moradia. Um ruído particular, como um tamborilar, porém muito rápido, muito regular. Como Blumfeld vem pensando em cachorros, aquilo lhe recorda o rumor de patas que batem alternadamente no solo. Mas as patas não produzem um tamborilar, aquilo não são patas. Abre rapidamente a porta e acende a luz. Não estava preparado para o que seus olhos vêem. Aquilo é bruxaria, duas bolinhas de celulóide, pequenas, brancas e listradas de azul, saltam sobre o chão uma junto da outra, de modo tal que quando uma bate no solo a outra se levanta, e incansavelmente prosseguem seu jogo. Certa vez, no ginásio, Blumfeld, em uma conhecida experiência de eletricidade, viu saltar de modo semelhante umas bolitas pequenas; estas, contudo, são, proporcionalmente, bolas grandes, saltam livremente pelo quarto e não existe experiência de eletricidade em curso. Blumfeld inclina-se para elas para observá-las melhor. Trata-se, sem dúvida, de bolas comuns, que contêm indubitavelmente em seu interior outras bolas menores, que produzem o ruído do tamborilar. Blumfeld faz o gesto de segurar algo no ar, para comprovar se não pendem de algum fio, mas não, movem-se de maneira completamente independente. É pena que Blumfeld não seja uma criança pequena, pois duas bolas assim teriam sido para ele uma alegre surpresa, enquanto que agora tudo aquilo lhe produz uma impressão antes desagradável. Não é inteiramente desprovido de valor o fato de levar uma vida retirada de solteiro e passar desapercebido, e eis aqui que agora alguém, não interessa quem, irrompeu nessa intimidade, enviando-lhe essas duas estranhas bolas.

Quer apossar-se de uma delas, mas ambas recuam e o levam atrás de si até o interior da moradia. É muito estúpido, pensa ele, andar assim à caça dessas pelotinhas; detém-se, segue-as com o olhar observando como, dando por terminada aparentemente a perseguição, elas também permanecem no mesmo lugar. Entretanto, vou tentar agarrá-las, volta a pensar, e corre para elas. Ambas fogem imediatamente, mas Blumfeld as acossa, com as pernas separadas, até um canto da moradia, e junto ao baú que ali existe, consegue apoderar-se de uma. É uma bola pequena e fria, que gira em sua mão, ansiosa por fugir. E também a outra bola, ao perceber a aflição de sua companheira, salta mais alto do que antes e alonga os saltos até tocar a mão de Blumfeld. Bate contra a mão, bate dando saltos cada vez mais rápidos, muda os pontos de ataque, e ao verificar que nada pode contra a mão que prende completamente a pelota, salta ainda mais para cima e quer, ao que parece, atingir o rosto de Blumfeld. Blumfeld poderia também apossar-se da outra pelota e fechar a ambas em algum lugar, mas lhe parece demasiado infamante, no momento, tomar semelhantes medidas contra duas pelotinhas. Além do mais, tem graça possuir duas bolinhas como essas, que não demorarão em cansar-se e, rodando sob um roupeiro, o deixarão em paz. Apesar destas reflexões, Blumfeld, com um certo nojo, atira a pelota contra o solo e parece milagre que a débil e quase transparente envoltura de celulóide não se quebre. Sem transição, reiniciam as pelotas ao rés do solo seus saltos anteriores, recìprocamente alternados.

Blumfeld despe-se tranqüilamente, arruma a roupa no armário, sempre procura verificar se a criada deixou tudo em ordem. Uma ou duas vezes olha por cima do ombro as pelotas que, sem interrupção, parecem agora persegui-lo, chegam-se por detrás dele e saltam junto aos seus calcanhares. Blumfeld veste a bata de dormir e quer dirigir-se à parede oposta, para apanhar um dos cachimbos que pendem de um suporte. Antes de se voltar, dá involuntariamente com um pé para trás, mas as bolinhas arranjam-se para evitá-lo e não são alcançadas. Quando vai em busca do cachimbo, as bolinhas seguem-no imediatamente, arrasta os chinelos, dá passos desiguais, mas a cada passada segue, quase sem pausa, um salto das bolinhas, que marcam passo com ele. Blumfeld volta-se de improviso para ver como agem as pelotinhas. Mas apenas se volta, as bolinhas descrevem um semi-círculo e estão outra vez atrás dele, e isto se repete quantas vezes se volte. Como acompanhantes subordinados, procuram evitar colocarem-se diante de Blumfeld. Até agora tinham-se atrevido a isso somente ao aparecer para a apresentação, mas agora entraram já em serviço.

Até agora, em todos os casos excepcionais em que não eram suficientes suas próprias forças para dominar a situação, Blumfeld apelara sempre ao recurso de proceder como se nada percebesse. Isto lhe deu freqüentemente bons resultados, e na maioria dos casos, pelo menos, melhorou a situação. Agora, portanto, faz o mesmo, está diante do suporte dos cachimbos, avançando os lábios escolhe um cachimbo, carrega-o com especial carinho e deixa despreocupadamente que atrás dele sigam as bolinhas saltando. Apenas hesita quando se trata de se dirigir à mesa, pois o escutar ao mesmo tempo o rumor dos saltos e o de seus passos dá-lhe uma sensação quase dolorosa. Permanece assim de pé, prolongando desnecessariamente a ação de encher o cachimbo, e examina a distância que o separa da mesa. Finalmente, porém, vence sua debilidade e faz o trajeto batendo com os pés tão fortemente que nem mesmo ouve o ruído das bolinhas. Contudo, quando senta, estas voltam a saltar perceptivelmente, como antes.

Por cima da mesa e ao alcance da mão, está uma tábua presa à parede, e sobre ela, a garrafa de licor de cerejas, cercada de pequenos copos. Ao seu lado estãos vários exemplares de revista francesa.

(Exatamente hoje chegou um número novo e Blumfeld o segura. Esquece o licor completamente, até tem a impressão de que tivesse hoje respeitado suas ocupações ordinárias, não por rotina, mas para consolar-se, e nem mesmo sente verdadeira necessidade de ler. Contra o seu hábito de voltar cuidadosamente as páginas uma por uma, abre a revista em um lugar qualquer e depara com uma grande gravura. Obriga-se a contemplá-la mais minuciosamente. Representa o encontro entre o imperador da Rússia e o Presidente da França, realizado a bordo de um navio. Em redor, até perder-se na distância, existem muitos outros barcos, o fumo de cujas chaminés se esfuma no céu claro. Ambos, o imperador e o presidente, acabam de dirigir-se com passo rápido um para o outro e estreitam-se as mãos. Tanto atrás do imperador, como atrás do presidente, estão dois senhores. Em confronto com os rostos satisfeitos do imperador e do presidente, as caras dos acompanhantes aparecem muito sérias e os olhares de cada um dos grupos de acompanhamento convergem sobre seu senhor. Mais abaixo, ao que se vê, a cena se desenrola na ponte mais alta do navio, enquanto que, cortadas pelo término da gravura, aparecem extensas filas de marinheiros que saúdam. Blumfeld observa a gravura com crescente interesse, afasta-a um pouco e olha-a pestanejando. Sempre teve muita atenção para cenas grandiosas como esta. Que as pessoas principais se estreitem a mão tão desenvolta, cordial, despreocupadamente, parece-lhe reflexo fiel da verdade. E igualmente justo é que os acompanhantes — além do mais, como é natural, são senhores de muito alta posição, cujos nomes estão indicados abaixo — preservem com sua atitude a seriedade do momento histórico.)

E em vez de prover-se de tudo o que necessita, Blumfeld está sentado em silêncio e contempla o cachimbo não aceso ainda. Está em observação e, repentinamente, de modo inteiramente inesperado, cede sua rigidez e volta-se de improviso juntamente com sua cadeira. Mas também as pelotinhas observam uma vigilância correspondente e obedecem cegamente à lei que as governa; simultaneamente com o movimento giratório de Blumfeld mudam elas também de lugar e se escondem às suas costas. Neste momento, Blumfeld acha-se sentado de costas contra a mesa, com o cachimbo frio na mão. As pelotinhas saltam agora debaixo da mesa e são dali pouco audíveis porque há uma alfombra. Esta é uma grande vantagem. O ruído é muito débil e surdo, e é preciso prestar muita atenção para conseguir percebê-lo. Não obstante, Blumfeld está muito atento e o escuta muito bem. Mas isto é assim apenas por agora, dentro de um instante provavelmente não chegará a notá-lo mais. Parece a Blumfeld que o fato de passarem pouco percebidas sôbre as alfombras constitui uma grande debilidade das pelotinhas. Pondo-lhes por baixo uma, ou melhor duas alfombras, ver-se-ão reduzidas quase à impotência. Isso, contudo, apenas por um lapso determinado, e por outro lado sua presença tão-somente significa já uma certa manifestação de poder.

Blumfeld poderia tirar agora bom partido de um cachorro, pois um animal jovem e feroz terminaria bem depressa com as pelotinhas; põe-se a imaginar como esse cachorro procuraria retê-las com as patas, como as desalojaria de seu lugar, como as perseguiria em todas as direções pela moradia até tê-las por fim entre os dentes. É muito possível que dentro de pouco, Blumfeld se faça de cachorro.

Mas, no momento, as pelotinhas devem apenas ter a Blumfeld, e este não tem por ora desejos de destruí-las, talvez apenas lhe falte decidir-se a isso. À noite volta fatigado do trabalho e quando procura descanso defronta-se com esta surpresa. Apenas agora, realmente, percebe quão cansado está. Certamente terá de destruir as bolinhas, e isso em prazo muito curto, mas não logo mais; na verdade, no dia seguinte. Quando se encara a coisa sem preconceitos, as pelotinhas comportam-se bastante moderadamente. Poderiam, por exemplo, saltar de quando em quando para diante, mostrar-se e voltar depois a seu lugar, ou saltar mais alto para bater contra a tampa da mesa, desforrando-se assim do amortecimento que provoca a alfombra. Mas não o fazem, não querem provocar Blumfeld sem necessidade, limitam-se evidentemente ao estritamente necessário.

Contudo, o estritamente necessário é suficiente para tornar amarga a Blumfeld a sua permanência junto à mesa. Há apenas dois minutos que está sentado ali e já pensa em ir dormir. Outro dos motivos que o impulsionam é o fato de que aqui não se pode fumar, pois deixou os fósforos sôbre a mesinha de cabeceira. Teria que buscar, portanto, os fósforos, mas desde que esteja junto à mesa de cabeceira, será melhor ficar ali e deitar-se. Nisto tem ainda uma segunda intenção, pois acredita que as pelotinhas, em sua cega ânsia por manter-se por trás dele, saltarão sobre a mesa, de onde, ao deitar-se, terá de esmagá-las voluntária ou involuntariamente. A objeção de que os restos das pelotinhas poderiam continuar saltando ainda, é rechaçada. Também o que está fora do comum deve ter fronteiras. Se bem que costumeiramente as pelotas inteiras saltam, ainda que não ininterruptamente, os pedaços de bolas quebradas não saltam jamais e não saltarão também aqui.

— Adiante! — exclama, quase encorajado por esta reflexão, e outra vez avança pateando, para a cama, com as pelotinhas atrás dele. Sua esperança parece confirmar-se; ao postar-se deliberadamente muito próximo à cama, uma pelotinha salta imediatamente sobre o leito. Em troca acontece o inesperado, que a outra pelotinha se introduz debaixo. Blumfeld não pensou sequer na possibilidade de que as pelotinhas pudessem saltar também debaixo da cama. Sente-se indignado contra uma das pelotinhas, apesar de sentir a injustiça de seu sentimento, pois saltando embaixo da cama talvez a pelotinha cumpra com seu dever, melhor do que a outra, sobre a cama. Pois bem, tudo depende do lugar pelo qual tenham de decidir-se as pelotinhas, pois Blumfeld não acredita que pudessem trabalhar separadamente durante muito tempo. E, com efeito, um momento depois, a outra bola salta sobre a cama. Agora, tenho-as — pensa Blumfeld ardendo de alegria, e arranca de si a bata de dormir para atirar-se sobre o leito. Mas exatamente a mesma pelotinha volta a saltar embaixo da cama. Blumfeld desagrada-se, sobremodo desiludido. Provavelmente a pelota não fez senão dar uma espiada ali em cima e aquilo não a agradou. E a outra também a segue e fica embaixo, naturalmente, pois embaixo se está melhor.

— Agora vou ter aqui estes tambores durante tôda a noite — pensa Blumfeld, morde os lábios e inclina a cabeça.

Está triste, sem saber na realidade como as pelotinhas poderiam lhe causar dano durante a noite. Seu sono é pesadíssimo, superará logo aquele leve rumor. Para estar inteiramente seguro, desliza para elas dois tapetes, de acordo com a experiência adquirida. É como se tivesse um cachorrinho ao qual quisesse acomodar fofamente. E como se as pelotinhas se sentissem cansadas e sonolentas, seus saltos tornaram-se mais lentos e mais baixos do que antes. Quando Blumfeld se ajoelha diante da cama e alumia por baixo com a lâmpada, acredita às vezes que as pelotinhas haverão de ficar para sempre sôbre as almofadas, tão dèbilmente caem, tão lentamente correm um pequeno trecho. Depois, contudo, erguem-se de nóvo, conforme a sua obrigação. É muito possível, porém, que, quando Blumfeld olhe sob a cama, pela manhãzinha, encontre duas silenciosas e inofensivas bolinhas para crianças.

Elas parecem, porém, não poder prosseguir com os saltos nem mesmo até a manhã, pois quando Blumfeld se mete na cama já não as escuta mais. Esforça-se por ouvir algo, inclina-se para fora da cama, mas não percebe nenhum som. O efeito dos tapetes não pode ser tão eficaz; a única explicação é a de que as pelotas já não saltam, ou melhor podem desprender-se suficientemente das fofas alfombras e suspenderam provisoriamente os saltos, ou se não, o que é o mais verossímil, não haverão de saltar nunca mais. Blumfeld poderia erguer-se e olhar o que é que em realidade acontece, mas em sua alegria de que haja finalmente tranqüilidade, prefere ficar deitado, não quer nem mesmo tocar com o olhar às pelotinhas, agora quietas. Até renuncia de bom gosto a fumar, vira-se para o lado e dorme logo.

Não permanece, porém, em paz; como de hábito, seu dormir está também desta vez livre de sonhos, mas é muito inquieto. Inúmeras vezes em a noite é despertado bruscamente pela ilusão de que alguém bate à porta. Sabe também, com certeza, que ninguém está chamando; quem chamaria durante a noite, e à sua porta, a de um solteirão solitário? Ainda que o saiba com toda certeza, ergue-se apesar disso, uma e outra vez, e olha, fixo, por um instante, para a porta, a boca aberta, os olhos dilatados, e as grandes mechas de cabelo se sacodem sobre sua testa úmida. Quando fica insone, tenta contar, mas esquecendo as enormes cifras que aparecem, recai no sono. Acredita saber de onde provém o golpear; não se produz na porta, mas em outra parte inteiramente diversa, porém na confusão do sono não consegue estabelecer a base de suas conjeturas. Apenas sabe que muitos pequenos e repulsivos golpes se reúnem antes de que eles próprios produzam o golpe grande e forte. Quisera, porém, tolerar toda a repulsividade dos golpes pequenos se pudesse evitar o outro golpear, mas por algum motivo é muito tarde, não pode intervir aqui, está omisso, não tem palavras, apenas para o bocejo mudo abre-se sua boca e, furioso por isso, enterra a cara nos travesseiros. Assim transcorre a noite.

Pela manhã desperta-o a batida da servente; com um suspiro de libertação saúda a suave batida, de cuja inaudibilidade sempre se queixava e já vai exclamar: "Adiante!", quando ouve outra batida, vigorosa, ainda que débil, mas formalmente belicosa. São as bolinhas sob a cama. Despertaram, reuniram contrariamente ao que se passa com ele, novas forças durante a noite? "Já vai!", grita Blumfeld à criada. Salta da cama, mas com cuidado, de modo a ter atrás de si as pelotinhas, atira-se ao solo voltando-lhes sempre as costas, olha para as pelotinhas torcendo a cabeça e quase desejaria atirar-lhes uma maldição. Como as crianças que durante a noite afastam para o lado as cobertas molestas, as pelotinhas, ao que parecia, por meio de pequenas sacudidelas prolongadas durante toda a noite, empurraram para tão longe os tapetes sob a cama que agora têm novamente o chão desnudo debaixo delas e podem fazer ruído. "De novo aos tapetes", diz Blumfeld com cara de aborrecimento, e assim que as bolinhas, graças aos tapetes, voltaram a ficar em silêncio, faz entrar a criada. Enquanto esta, mulher gorda e estúpida, que anda sempre rigidamente erguida, põe o desjejum sobre a mesa e faz os dois ou três movimentos necessários, Blumfeld está de pé, imóvel, com sua camisola de dormir, junto à cama, para manter presas ali embaixo as pelotinhas. Segue a criada com o olhar para verificar se percebe alguma coisa. Isso é muito pouco provável devido à sua fraqueza auditiva. Blumfeld julga perceber que a criada detém-se aqui e ali, apóia-se em algum móvel e escuta arqueando as sobrancelhas, mas o atribui à sua superexcitação, produto da noite mal dormida. Seria feliz se conseguisse que a criada desse conta de seu trabalho um pouco mais depressa, mas a mulher o faz com lentidão quase maior do que de costume. Vagarosamente carrega as roupas e botinas de Blumfeld e arrasta-as até o corredor, sua ausência dura bastante tempo, monocórdicos e muito distintamente soam lá de fora os golpes que ela aplica à limpeza da roupa. E durante todo este tempo, Blumfeld tem de agüentar-se sobre a cama, não pode se mover se não quer levar atrás de si as pelotinhas, tem de deixar esfriar o café, que tanto lhe apetece tomar quente, não pode fazer outra coisa senão olhar fixamente a caída cortina da janela, por detrás da qual chega turvamente o dia. Finalmente a criada termina; deseja-lhe bom dia e prepara-se para sair. Antes, porém, de afastar-se definitivamente, fica ainda de pé à porta, move apenas os lábios e olha longamente o seu patrão. Blumfeld quer detê-la para falar-lhe, mas ela se vai. Blumfeld quisera abrir a porta com um puxão e dizer-lhe aos gritos que é uma mulher tonta, velha e estúpida. Mas pensando melhor, considerando que é na verdade o que tem a objetar-lhe, acha apenas o contrasenso de que, sem dúvida alguma ela não nota nada e que, entretanto, queria dar a impressão de que notara algo. Quão confusas são as suas idéias! E isso apenas devido a uma noite mal dormida! O dormir mal não encontra explicação no fato de que na noite anterior tenha se afastado de seus hábitos, que não tenha fumado nem bebido licor. Quando eu, e este é o resultado final de suas reflexões, não fumo e não bebo aguardente, durmo mal.

Daí para a frente cuidará melhor de seu bem-estar, e pondo já em prática seu propósito toma da caixa de medicamentos caseiros que está sobre a mesa de cabeceira um pouco de algodão, faz com ele duas bolinhas e introdu-las nos ouvidos. Então levanta-se e ensaia um passo. As pelotinhas seguem-no, sim, mas ele quase não as ouve, um pouco mais de algodão torna-as inteiramente inaudíveis. Blumfeld dá ainda alguns passos, aquilo continua sem nenhum incômodo especial. Cada qual para si; Blumfeld e as bolinhas acham-se ligados entre eles mas não se incomodam reciprocamente. Apenas uma vez, quando Blumfeld se vira mais rapidamente e uma bolinha não consegue fazer o contramovimento com a necessária presteza, Blumfeld bate-lhe com o joelho. Este é o único incidente; além disso, Blumfeld bebe tranqüilamente o café, tem fome como se não tivesse dormido esta noite e tivesse percorrido um longo caminho, lava-se com água fria, sumamente refrescante, e se veste. Até agora não ergueu as cortinas, mas até por precaução permaneceu na penumbra; não é necessário que as bolinhas sejam vistas por olhos estranhos. Mas agora que está pronto para ir-se, tem de achar um destino para as bolinhas, em caso de que estas se atrevessem — ele não crê — a segui-lo também pela rua. Tem a esse respeito uma lembrança feliz, abre o grande guarda-roupa e coloca-se de costas contra ele. Como se tivessem noção daquilo que se está planejando, as bolinhas evitam o interior do guarda-roupa, aproveitam cada lugarzinho que fica entre Blumfeld e o guarda-roupa, saltam, quando não resta outro remédio, dentro do guarda-roupa por um instante, mas fogem imediatamente do escuro, não há modo de fazê-las passar além do canto do armário, antes melhor infringem sua obrigação e se mantêm quase às costas de Blumfeld. Mas suas tolas argúcias de nada lhes hão de servir, porque agora o próprio Blumfeld entra de costas no guarda-roupa e não lhes resta outro remédio senão obedecer. Com isto está também selada sua sorte, pois sobre o fundo do armário existem diversos objetos pequenos, como botins, caixas, maletas, todos porém — agora Blumfeld o lamenta — bem arranjados, mas que, não obstante, dificultam grandemente os movimentos das bolinhas. E quando Blumfeld, que nesse ínterim fechou quase inteiramente a porta do guarda-roupa, deixa o móvel com um grande salto, como há anos não dava, fecha a porta e tira a chave, as bolinhas ficam fechadas. "Isto saiu bem", pensa Blumfeld, enxugando o suor do rosto. Que barulho fazem as bolinhas dentro do guarda-roupa! Dão a impressão de estarem desesperadas. Blumfeld, ao contrário, está muito contente. Abandona o quarto e já o corredor deserto atua beneficamente sobre ele. Livra seus ouvidos do algodão, e os múltiplos rumores da casa que desperta o encantam. Vêem-se mui poucas pessoas, ainda é muito cedo.

Abaixo, no saguão, diante da porta que leva ao sótão onde se encontra a casa da servente, está seu filho, de dez anos. É o retrato vivo de sua mãe, nenhuma das fealdades da velha foi esquecida neste rosto infantil. Cambaio, com as mãos nos bolsos, ali está e arqueja, porque o bócio de que padece já torna difícil a sua respiração. Enquanto que, habitualmente, quando o menino cruza seu caminho, Blumfeld aperta o passo para evitar o mais possível aquele espetáculo, hoje quisera deter-se a seu lado, ou algo parecido com isso. Ainda mesmo que o pequeno tenha sido posto no mundo por aquela mulher e traga todos os sinais de sua origem, é, de qualquer modo, um menino, neste momento; nessa cabeça deformada habitam pensamentos infantis, se lhe falarmos e o interrogarmos compreensivelmente é provável que responda com voz clara, inocente e respeitosa, e depois de algum esforço até se chegaria a acariciar essas bochechas. Deste modo pensa Blumfeld, mas segue ao largo. Na rua percebe que o dia é mais agradável do que o supusera em seu quarto. As brumas da manhã dissipam-se e aparecem claros azuis no céu fortemente varrido pelo vento. Blumfeld agradece às bolinhas o ter deixado o seu quarto muito mais cedo do que de costume, até esqueceu sobre a mesa o jornal sem tê-lo lido, em todo caso ganhou muito tempo com isso e agora pode andar tranqüilamente. É de se notar o pouco que o preocupam as pelotinhas depois que as separou de si. Enquanto o seguiam poderia tê-las tomado por algo que lhe pertencesse, por algo que de algum modo devia ser considerado ao opinar-se sobre a sua pessoa; agora, porém, eram apenas um brinquedo deixado em casa, no guarda-roupa. E aqui vem à lembrança de Blumfeld que talvez a melhor maneira de torná-las inofensivas seria dar-lhes o emprego que lhes é próprio. Ali no saguão está ainda o menino. Blumfeld vai dar-lhe as bolinhas e não vai emprestar-lhas, mas sim vai presenteá-las expressamente, o que com segurança equivale à ordem de destruí-las. E mesmo no caso de serem conservadas em bom estado, em mãos do menino significarão menos ainda do que no guarda-roupa, a casa inteira verá como o menino brinca com elas, outros meninos se reunirão a ele, a opinião geral de que aqui se trata de bolas de gude e não de acompanhantes vitalícios de Blumfeld será irremovível e incontroversa. Blumfeld retorna à casa. O menino acaba, exatamente, de descer pela escada do sótão e quer abrir a porta de baixo. Blumfeld deve portanto chamar o menino e pronunciar seu nome, que é ridículo como tudo o que se relaciona com o garoto. "Alfredo! Alfredo!" exclama. O menino titubeia longamente. "Mas vem aqui", diz Blumfeld, "vou dar-te algo". As duas meninazinhas do mordomo saíram pela porta da frente e colocam-se, cheias de curiosidade, uma de cada lado de Blumfeld. Entendem muito mais depressa do que o menino e não chegam a compreender porque este não vem depressa. Fazem-lhe sinais sem afastar os olhos de Blumfeld, mas não podem compreender que espécie de presente aguarda Alfredo. A curiosidade tortura-as e dando saltinhos apóiam-se alternativamente sobre um e outro pé. Blumfeld ri-se do jeito delas e do menino. Este parece, finalmente, estar decidido e sobe tesa e pesadamente a escada. Nem mesmo no andar desmente sua mãe, a qual, por outro lado, aparece embaixo, na porta do sótão. Blumfeld levanta a voz, para que a criada o entenda também e em caso de necessidade vigie a comissão do encargo. "Lá em cima tenho", diz Blumfeld, "em meu quarto, duas formosas bolinhas. Queres que eu tas dê?" O menino não faz senão estirar a boca, não sabe como comportar-se, volta-se e olha para baixo para sua mãe, de modo interrogativo. As meninas, em troca, põem-se imediatamente a saltar em volta de Blumfeld e lhe pedem as bolinhas. "Vocês também poderão brincar com elas", lhes diz Blumfeld; espera, contudo, a resposta do menino. Poderia, depois, presentear as bolinhas às meninas, mas lhe parecem muito confiadas e agora tem mais confiança no menino. Este procurou, entretanto, conselho junto à mãe, sem que uma só palavra tenha sido trocada entre ambos, e afirma com a cabeça ante uma nova pergunta de Blumfeld, aceitando. "Então tem cuidado", diz Blumfeld, que gostosamente prevê que não receberá nenhum agradecimento pelo seu presente. "Tua mãe tem a chave de meu quarto e tu deves pedi-la, aqui te dou a chave do meu guarda-roupa e nesse guarda-roupa estão as bolinhas. Fecharás o guarda-roupa e o quarto com muita atenção. Mas com as bolinhas podes fazer o que quiseres, não tens de devolver-mas. Compreendeste-me?" Mas o menino, desgraçadamente, não compreendeu. Blumfeld quis ser muito claro com este ser ilimitadamente estúpido de entendimento, porém com tal intenção, repetiu-lhe tudo muitas vezes, muitas vezes lhe falou, e alternadamente, de quarto, chave e guarda-roupa e em conseqüência o menino não o olha como a seu benfeitor, mas como um tentador. As meninas, entretanto, compreenderam tudo imediatamente, seguram Blumfeld e estendem as mãos pedindo a chave. "Esperem, pois", diz Blumfeld, aborrecido já contra todos. Além disso, o tempo passa, não pode demorar-se muito mais. Se a criada dissesse de uma vez que o entendeu e se ocupará devidamente de tudo referente ao menino! Em vez disso, continua lá embaixo, à porta, sorrindo afetadamente como envergonhada de sua surdez e acredita que talvez Blumfeld, no outro extremo da escada, tenha caído em repentino encantamento diante de seu menino e escuta de seus lábios a tabuada do um. Mas Blumfeld não pode descer a escada do sótão para gritar seu pedido ao ouvido da criada, a fim de que seu menino o liberte das bolinhas pelo amor de Deus. Muito já se excedera ao confiar a chave de seu guarda-roupa por um dia inteiro àquela família. Não por precaver-se dá aqui a chave ao menino, em vez de conduzi-lo ele mesmo até lá em cima e entregar-lhe ali as bolinhas. Simplesmente não pode primeiro presentear o menino com as bolinhas e depois, conforme aconteceria visivelmente, tirar-lhas logo em seguida ao levá-las atrás de si como séquito.

— Não me compreendeu, portanto, ainda? — pergunta Blumfeld, quase abatido, depois de ter começado uma nova explicação, que interrompeu, contudo, ante o olhar vazio do menino. Um olhar vazio como esse desarma qualquer um. Poderia levar alguém a dizer mais do que deseja, apenas para encher esse vazio com inteligência.

— Vamos buscar-lhe as bolinhas — exclamam então as meninas.

Como espertas que são, perceberam que apenas podem conseguir as bolinhas por meio do menino, mas que cabe a elas decidir esse meio. Um relógio dá a hora no quarto do mordomo, e lembra a Blumfeld que deve apressar-se.

— Tomem, pois, a chave — diz Blumfeld, e antes que possa entregá-la, ela lhe é arrancada da mão. A segurança que teria dando a chave ao menino seria incomparavelmente maior. — A chave do quarto vocês devem buscá-la lá em baixo pois a tem a mulher — diz ainda Blumfeld — e quando voltarem com as bolinhas devem entregar as duas chaves à mulher.

— Sim, sim — exclamam as meninas e correm escadas abaixo. Sabem tudo, absolutamente tudo, e como se tivesse sofrido o contágio da estupidez de entendimento do menino, Blumfeld não entende agora como puderam compreender tudo tão rapidamente através de suas explicações.

As meninas já chegaram e puxam a saia da criada, mas Blumfeld, por mais encantador que isto seja, não pode continuar olhando como haverão de realizar sua comissão, e isso não somente porque já é tarde, mas também porque não quer estar presente quando as bolinhas estiverem em liberdade. Até deseja encontrar-se a algumas quadras de distância quando as meninas abrirem, lá em cima, a porta de seu quarto. É que nem mesmo sabe até que ponto pode enganar-se a respeito das pelotinhas! E assim sai à rua pela segunda vez nesta manhã. Chegou ainda a ver como a criada se defendia solidamente contra as meninas e como o menino movia as pernas tortas para correr em socorro de sua mãe. Blumfeld não compreende como pessoas como a criada crescem e se reproduzem sobre a face da terra.

A caminho da fábrica de roupa onde está empregado Blumfeld, os pensamentos relacionados com o trabalho vão prevalecendo paulatinamente sobre qualquer outra idéia. Aperta o passo e apesar da demora provocada pelo menino, é o primeiro a chegar à sua oficina. Esta oficina é um local cercado de vidros, e tem um escritório para Blumfeld assim como duas escrivaninhas altas para os escreventes às ordens de Blumfeld. Ainda que estas escrivaninhas sejam tão pequenas e estreitas como se tivessem sido destinadas a escolares, o espaço disponível na oficina é exíguo e os escreventes não podem sentar-se, pois se o fizessem, não haveria lugar para a cadeira de Blumfeld. Ficam portanto de pé o dia inteiro, apertados contra suas escrivaninhas. Isto lhes é certamente muito incômodo, mas dificulta também a Blumfeld o vigiá-los. Freqüentemente encostam-se à escrivaninha, mas não para trabalhar, senão para cochichar entre si e até para cochilar. Blumfeld fica muito irritado ao não encontrar neles o apoio requerido pela gigantesca tarefa que lhe foi assinalada. Esta tarefa consiste no despacho de todo o movimento de mercadorias e dinheiro destinado às operárias a domicílio, as quais são empregadas pela fábrica na confecção de certas mercadorias finas. Para julgar da amplitude desta tarefa é preciso analisar de perto o estado de coisas que existe. Esta visão já não a tem ninguém desde a morte do superior imediato de Blumfeld, ocorrida alguns anos antes, pelo que ninguém podia permitir-se o direito de opinar sobre o trabalho de Blumfeld. O fabricante, senhor Ottomar, por exemplo, subestima o trabalho de Blumfeld a olhos vistos; reconhece naturalmente os méritos a que Blumfeld se fez credor no transcurso dos vinte anos que está na fábrica, e os reconhece não só porque deve, mas também porque estima Blumfeld como pessoa fiel e digna de confiança, mas, apesar disso, subestima seu trabalho, pois acredita que as tarefas poderiam ser realizadas mais simplesmente, e, por isso, mais vantajosamente em todo sentido, do que o faz Blumfeld. Diz-se, e isso é digno de se crer, que Ottomar se mostra tão poucas vezes na seção de Blumfeld porque deseja evitar o desgosto que lhe produz a visão dos métodos de trabalho de Blumfeld. Ser desconhecido deste modo é, sem dúvida, triste para Blumfeld, mas não há solução, pois ele não pode obrigar Ottomar a permanecer um mês inteiro na seção de Blumfeld, estudar as múltiplas formas das tarefas que aqui devem ser conhecidas, aplicar esses métodos que ele supõe melhores, e convencer-se de que Blumfeld está certo diante da convulsão da seção, o que fatalmente aconteceria. Por isso desempenha Blumfeld sua tarefa sem se deixar afastar dela, como antes, assustando-se um pouco quando, depois de longa ausência, aparece de vez em quando Ottomar. Então, com o sentimento do dever, próprio do subordinado, tenta debilmente explicar a Ottomar esta ou aquela instalação, ao que o patrão, com os olhos baixos e aprovando silenciosamente, continua seu caminho. Blumfeld, além disso, sofre menos diante deste desconhecimento que diante do pensamento de que, quando tiver de retirar-se de seu cargo, a conseqüência imediata disto será uma grande confusão, que ninguém saberá arrumar, pois não conhece ninguém na fábrica capaz de substituí-lo e encarregar-se de seu posto sem que durante meses sobrevenham os maiores tropeços. Quando o chefe estima alguém, os empregados procuram ultrapassá-lo neste sentido. Daí que qualquer um subestima o trabalho de Blumfeld, que ninguém considere necessário para sua instrução passar algum tempo na seção de Blumfeld e que, quando se admite novos empregados, nenhum seja destinado a Blumfeld. Por esse motivo, a seção de Blumfeld não se renova. Quando Blumfeld, que até então havia despachado tudo sozinho na seção, ajudado apenas por um auxiliar, pediu a designação de um escrevente, isso constituiu semanas de dura luta. Quase todos os dias Blumfeld aparecia na sala de Ottomar e explicava-lhe tranqüila e pormenorizadamente por que era necessária a presença de um escrevente naquela seção. E ela não era necessária porque Blumfeld desejasse diminuir seu trabalho; Blumfeld não queria isso, ele despachava sua superabundante parte sem querer com isso pôr-lhe termo, mas o senhor Ottomar deveria refletir em como se havia desenvolvido o negócio com o correr do tempo, que todas as seções haviam sido proporcionalmente aumentadas, ficando esquecida sempre apenas a seção de Blumfeld. E como aumentara exatamente ali o trabalho! Quando Blumfeld entrou — daqueles tempos não poderia recordar-se já precisamente o senhor Ottomar — havia ali umas dez costureiras, oscilando hoje o seu número entre cinqüenta e sessenta. Um trabalho semelhante exige forças, Blumfeld poderia garantir de entregar-se totalmente ao trabalho, mas não podia assegurar, em troca, que de hoje em diante possa abarcá-lo todo.

O senhor Ottomar não rechaçava nunca diretamente as proposições de Blumfeld, não podia fazer tal coisa com um antigo empregado, mas a maneira como apenas ouvia os pedidos de Blumfeld, falando com outras pessoas, fazendo meias concessões e esquecendo tudo ao fim de alguns dias, era verdadeiramente ofensiva. Não precisamente para Blumfeld, pois Blumfeld não é caprichoso; por mais formosos que sejam a honra e o reconhecimento, Blumfeld pode prescindir disso; apesar de tudo agüentará em seu cargo enquanto haja alguma possibilidade de o fazer, em todo caso tem razão, e a razão deve, finalmente, ainda que por vezes isso tarde a acontecer, ser reconhecida. Assim conseguiu, finalmente, Blumfeld, dois escreventes, mas que dois escreventes! Era como se Ottomar tivesse reconhecido que podia mostrar seu desprezo para a seção proporcionando os escreventes mais claramente do que lhos negando. Até era possível que Ottomar tivesse feito Blumfeld acalentar esperanças por tanto tempo, porque estivesse procurando dois escreventes assim, e, o que era compreensível, tivera que esperar muito até encontrá-los. E agora Blumfeld não podia queixar-se, a resposta era previsível, se lhe haviam dado dois escreventes, quando ele não solicitara mais do que um; tão habilmente tudo fora preparado por Ottomar. Blumfeld queixou-se, naturalmente, mas apenas porque os apuros em que se encontrava o obrigavam a isso, e não porque esperasse agora alguma ajuda. Não se queixou tampouco expressamente, senão de passagem, ao surgir uma ocasião favorável. A pesar disso não demorou em propagar-se entre os colegas maldizentes o rumor de que alguém perguntara a Ottomar se seria possível que, depois de ter recebido tão extraordinário auxílio, Blumfeld continuasse se queixando ainda. Ao que teria respondido Ottomar que era verdade, que Blumfeld continuava a se queixar, mas com razão. Ele, Ottomar, compreendera-o finalmente, e propunha-se a dar a Blumfeld progressivamente um escrevente por costureira, quer dizer, uns sessenta no total. E se estes não bastassem, mandaria ainda outros, e não haveria de terminar até completar o manicômio que, desde muitos anos, vinha se desenvolvendo na seção de Blumfeld. Estas observações eram próprias de Ottomar e sua maneira de falar estava, sem dúvida, bem imitada, mas Blumfeld não duvidava de que Ottomar estava muito longe de ter-se expressado jamais de modo parecido sobre ele. Tudo era invenção dos folgazões das oficinas do primeiro andar, Blumfeld deixou passar a onda, e oxalá tivesse podido deixar passar tão tranqüilamente por sobre a existência dos escreventes. Mas estes estavam ali e não havia modo de suprimi-los. Rapazes pálidos, débeis. Segundo seus documentos deviam já ter ultrapassado a idade escolar, mas na realidade aquilo parecia incrível. Nem mesmo ter-se-ia pensado em confiá-lo a um mestre, tão evidentemente pareciam pertencer ainda aos cuidados maternais. Ainda não sabiam movimentar-se como era preciso, estar de pé por muito tempo os cansava, sobretudo no início. Apenas se deixava de vigiá-los, dobravam-se de fraqueza e ficavam de pé em um canto, torcidos e inclinados. Blumfeld procurou fazê-los entender que ficariam inválidos para o resto da vida se cedessem assim, constantemente, à preguiça. Encarregar os escreventes de alguma coisa era uma temeridade; uma vez em que um deles devia levar uma coisa a dois passos dali, o menino precipitou-se afanosamente, golpeando-se contra a escrivaninha e ferindo-se no joelho. O quarto estava cheio de costureiras e a escrivaninha carregada de mercadorias, mas Blumfed deixou tudo diante do pranto do escrevente, ao qual levou à oficina para fazer-lhe um curativo. Mas também aquele zêlo dos praticantes era apenas exterior, como verdadeiros meninos queriam distinguir-se às vezes, mas com muito mais freqüência, quase sempre, queriam enganar o seu superior. Uma vez, durante a época de maior trabalho, Blumfeld, escorrendo suor, notara, ao passar correndo, que, escondidos entre fardos de mercadoria, trocavam selos do correio. Desejou descarregar os punhos sobre suas cabeças, único castigo possível para semelhante conduta, mas eram meninos e Blumfeld não podia matá-los a golpes. E assim continuava sofrendo com eles. A princípio imaginara que os escreventes lhe prestariam auxílio de imediato, o qual, em momentos de distribuição de mercadoria exigia tanto esforço e vigilância. Pensara que, de pé, no meio da sala, por trás do escritório, abarcaria o todo com o olhar e vigiaria as entradas, enquanto os escreventes, cumprindo suas ordens, iriam daqui para ali, distribuindo tudo. Imaginara que sua supervisão, ainda que severa, não seria suficiente para aquele arranjo, que seria complementada pela acuidade dos escreventes, e que estes, adquirindo paulatinamente maior experiência, não estariam subordinados a suas ordens em cada pormenor e que por fim aprenderiam por si mesmos a diferençar as costureiras no tocante a necessidades de material e provas de confiança. Tais esperanças mostraram-se desprovidas de qualquer fundamento em quanto se referia aos escreventes, e Blumfeld reconheceu em pouco tempo que não podia permitir-lhes falar com as costureiras. Ao princípio nem mesmo se tinham aproximado de certas costureiras porque lhes mostravam aversão ou medo, enquanto que com outras, para as quais sentiam carinho, tinham ido com freqüência até a porta, para ir-lhes ao encontro. Para estas levavam-lhes quanto pedissem e mesmo quando as costureiras estivessem autorizadas a recebê-lo, davam-lhe em mãos com uma espécie de gesto confidencial; juntavam, em uma estante vazia, para estas favoritas, diversos recortes, sobras sem valor, e também bagatelas ainda utilizáveis, saudavam-nas com ar feliz, às costas de Blumfeld, de longe, recebendo por isso bombons. Não obstante, Blumfeld pôs logo fim a estas irregularidades, e quando as costureiras chegavam, empurrava-os para o alpendre. Mas eles tinham isto na conta de grande injustiça, ficando emburrados, quebrando com raiva as penas e por vezes, ainda que não se atrevessem a erguer a cabeça, batiam fortemente contra os vidros para chamar a atenção das costureiras sobre o mau tratamento que, a seu juízo, estavam sofrendo nas mãos de Blumfeld.

Eles próprios não compreendem o mal que fazem. Deste modo, por exemplo, chegam quase sempre tarde à oficina. Blumfeld, seu superior, o qual desde sua puberdade sempre teve como subentendido que é preciso chegar pelo menos meia hora antes da hora — não por excesso de zelo, nem por excessiva consciência do dever, mas apenas porque um certo sentimento de decência obriga a isso — Blumfeld deve, com freqüência, esperar mais de uma hora a chegada dos escreventes. Costumeiramente está de pé, por trás do escritório, na sala, mastigando os pãezinhos do desjejum e revendo as contas nos livrinhos das costureiras. Logo se submerge no trabalho sem pensar em outra coisa. De repente, sofre um sobressalto, ao ponto de que um instante depois a pena lhe trema ainda na mão. Um dos escreventes entrou como um turbilhão, como se fosse cair, agarrando-se com a mão no que estiver ao seu alcance, e apertando com a outra o peito ofegante, mas tudo aquilo não representa outra coisa senão a desculpa que se dispõe a dar por ter chegado tarde, desculpa tão ridícula que Blumfeld faz, de propósito, ouvidos surdos, pois do contrário teria que castigar o menino como merece. Contenta-se, portanto, em fitá-lo durante um instante, aponta com a mão estendida o alpendre, e volta a imergir em seu trabalho. Então poder-se-ia acreditar que o escrevente, reconhecendo a bondade de seu superior, haveria de apressar-se a ocupar seu lugar. Mas não, não se dá pressa, anda de cá para lá, anda nas pontas dos pés, colocando agora um pé diante do outro. Quer rir-se de seu superior? Nada disso. Aquilo é novamente essa mescla de medo e auto-satisfação, contra a qual não há recurso que valha. Como se explicaria se não que Blumfeld, hoje, que chegou ele próprio desacostumadamente tarde à oficina, depois de longa espera — não tenha vontade de examinar os livrinhos — vê, através das nuvens de pó que levanta com o espanador o criado estúpido, chegar os dois escreventes pela rua, tranqüilamente? Estreitamente abraçados, parecem conversar entre si coisas importantes que, certamente, a única relação que têm com o negócio é que se trata de algo proibido. À medida que se aproximam da porta de vidros, seus passos tornam-se mais lentos. Por fim um deles segura a maçaneta, mas não a puxa para baixo, pois ainda têm algo para se dizerem, escutam-se um ao outro e riem. "Abri para os nossos senhores!", grita Blumfeld ao criado, com as mãos para o alto. Mas quando os escreventes entram, Blumfeld já não quer se aborrecer e sem responder a seu cumprimento vai para o escritório. Começa a fazer contas, mas de vez em quando levanta os olhos para ver o que fazem os escreventes. Um deles parece estar muito cansado e esfrega os olhos; quando pendura sua capa no cabide, aproveita a oportunidade para permanecer apoiado um pouco mais contra a parede, na rua estava fresco, mas a proximidade do trabalho o fatiga. Em compensação, o outro escrevente tem vontade de trabalhar, mas apenas em certas coisas. Assim, sempre tem vontade de varrer. Mas esse é um trabalho que não lhe corresponde, o varrer pertence somente ao criado; na realidade, Blumfeld não teria motivo a opor-se a que o escrevente varra; se quer varrer, não o fará pior do que o criado, mas se o escrevente quer varrer então que venha mais cedo, antes de o criado começar a limpeza; ele não deve empregar nisso o tempo quando está exclusivamente obrigado a tarefas de escritório. Mas se o menino é rebelde a toda reflexão, o criado, um velho míope, ao qual o chefe não toleraria em nenhuma outra seção a não ser a de Blumfeld, e que apenas vive por graças de Deus e do chefe, esse criado poderia ao menos ser complacente e deixar por um instante o espanador ao menino, que é estúpido, e que perdendo logo a vontade, o perseguiria com a vassoura para incitá-lo a varrer de novo. Mas o criado parece sentir-se especialmente responsável pela varreção, percebe-se como, apenas se aproxima dele o menino tenta agarrar melhor a vassoura com suas mãos trêmulas, preferindo ficar imóvel e deixar de varrer para poder concentrar toda sua atenção na possessão do adminículo. O escrevente não pede com palavras, pois tem medo de Blumfeld, o qual, na aparência, está fazendo contas, e além disso as palavras correntes de nada serviriam, pois o criado apenas é sensível aos gritos mais desaforados. O escrevente começa, portanto, a puxar o criado pela manga. O criado sabe, naturalmente, do que se trata, olha de través o escrevente, move a cabeça e puxa a vassoura para si, até o peito. O escrevente junta então as mãos em atitude de rogativa. Não tem, contudo, esperança alguma de obter nada por meio de rogos, o pedir apenas o diverte, e por isso pede. O outro escrevente contempla a cena com um sorriso suave e acredita evidentemente, embora isso pareça incrível, que Blumfeld não o ouve. Os rogos não fazem a menor impressão sôbre o criado, que se volta, e julga poder usar a vassoura com segurança. Mas o escrevente o segue saltando nas pontas dos pés e enrolando as mãos em atitude suplicante, e pede agora do outro lado. Estas voltas do criado e os saltinhos do escrevente repetem-se várias vezes. Por fim, o criado se vê acossado por todas as partes e observa que com um pouquinho menos de ingenuidade poderia saber desde o princípio que se ia cansar antes do escrevente. Em conseqüência procura ajuda de terceiros, ameaça ao escrevente com o dedo e aponta para Blumfeld, para o qual se queixará se o escrevente não o deixa em paz. O escrevente reconhece agora que, se quer obter a vassoura, deve apoderar-se dela. Um grito involuntário do outro escrevente anuncia a ameaça de uma decisão. Por esta vez, o criado ainda consegue livrar a vassoura, dando um passo para trás e arrastando-a com êle. Mas o escrevente já não cede, salta para diante com a boca aberta e os olhos brilhantes, o criado quer fugir mas suas velhas pernas bamboleiam em vez de correr, o escrevente segura a vassoura, e mesmo não conseguindo tirá-la, consegue, entretanto, que a vassoura caia ao solo, com o que está perdida para o criado. E ao que parece, também para o escrevente, pois ao cair a vassoura, os três permanecem rígidos, ambos os escreventes e o criado, pois agora tudo ter-se-á tornado evidente para Blumfeld. Com efeito, Blumfeld levanta os olhos através da janelinha, como se agora apenas prestasse atenção nisso, e seu olhar, severo e perscrutador, passa de um para outro, a vassoura inclusive. Seja porque o silêncio já dura muito, seja porque o escrevente culpado não possa controlar suas ânsias de varrer, o certo é que se inclina, muito prudentemente até como se fosse apanhar um animal e não uma vassoura, apanha-a, desliza-a pelo solo, mas a atira em seguida longe de si, assustado, quando Blumfeld se ergue de um salto e sai da sala. "Os dois para o trabalho e sem resmungar", grita Blumfeld e aponta a ambos os escreventes, com a mão estendida, o caminho para suas escrivaninhas. Obedecem logo, mas não envergonhados, com a cabeça baixa, mas antes, ao passar frente a Blumfeld, se voltam tesos, e fitam-no fixamente nos olhos, como se com isso quisessem impedi-lo que lhes batesse. E contudo, poderiam saber por experiência que Blumfeld não bate nunca. Mas são medrosos em excesso e procuram sempre, sem a menor delicadeza, defender os seus direitos, reais ou aparentes.

A CONSTRUÇÃO

Dispus a obra e parece-me bem acabada. Do lado de fora apenas se enxerga um grande buraco; este em verdade não leva a parte alguma e já a poucos passos tropeça-se com a rocha. Não quero envaidecer-me de ter construído este ardil deliberadamente; é antes o resto de um dos numerosos e vãos intentos construtivos, mas por fim pareceu-me vantajoso deixar esse buraco sem tapar. Certamente, há astúcias que por muito sutis, a si mesmas se destróem, isso eu o sei melhor do que ninguém, e indubitavelmente constitui uma audácia chamar a atenção com este buraco para a possibilidade de que aqui exista algo digno de ser investigado. Contudo, engana-se quem julgue que eu seja covarde e que apenas por covardia executo a obra. A uns mil passos deste buraco encontra-se, coberto por um manto de musgo solto, a verdadeira entrada, tão bem guardada como se pode estar no mundo; naturalmente, alguém poderia pisar o musgo ou desmanchá-lo; então minha obra ficaria exposta e quem tivesse vontade — note-se, contudo, que para isso seriam requeridas condições não muito comuns — poderia penetrar e destruir tudo para sempre. Isso eu o sei bem, e agora em seu término minha vida apenas tem uma hora tranqüila inteiramente; lá, nesse local, no escuro do musgo, sou mortal e em meus sonhos fareja interminavelmente um focinho voraz. Teria podido, opinar-se-á, tapar éste buraco de entrada com uma capa firme e delgada acima e mais embaixo com terra frouxa, de modo que sempre me custaria pouco esforço assegurar-me outra vez a saída. Mas não é possível; exatamente a cautela exige que tenha uma possibilidade de fuga, precisamente ela obriga com freqüência a arriscar a vida. Todos esses cálculos são muito penosos; a alegria que a cabeça experimenta ao efetuá-los, é muitas vézes a razão única de que prossiga calculando. Preciso da imediata possibilidade de fuga, pois, não posso ser atacado apesar de toda a minha vigilância no ponto mais inesperado? Vivo em paz no mais profundo de minha casa, e entretanto silenciosamente aproxima-se o inimigo. Não quero dizer que tenha melhor olfato do que eu; talvez me ignore, como eu o ignoro. Mas há bandidos apaixonados que perfuram a terra, cegamente, e que pela grande extensão de minha obra, podem acalentar a esperança de encontrar alguns dos meus caminhos. Certamente, tenho a vantagem de estar em minha casa e conhecer perfeitamente todos os caminhos e direções. É fácil converter-se o bandido em minha vítima, em uma doce vítima. Mas eu envelheço, há muitos que são mais fortes do que eu, meus inimigos são inumeráveis; poderia acontecer que fugindo de um eu caísse nas garras de outro. Ah! tudo pode suceder! De qualquer maneira preciso ter consciência de que em algum lugar há uma saída completamente desimpedida, facilmente alcançável, de onde para me libertar não precisasse cavar nada, tal que, se enquanto eu trabalhasse desesperadamente, ainda que fosse entre frouxos escombros, não sentisse de repente — Deus me guarde! — os dentes de meu perseguidor em meus músculos. E não somente me ameaçam os inimigos externos, existem também os do fundo da terra. Não os vi nunca, mas as lendas falam deles e creio firmemente em sua existência. São seres do interior da terra, nem mesmo as lendas conseguem descrevê-los; nem os que se tornaram suas vítimas conseguiram vê-los bem; aproximam-se, ouve-se o arranhar de suas garras sob a terra, que é o seu elemento e já se está perdido. Então, não adianta estar em sua própria casa, antes se está em sua casa. Deles também não me salva aquela saída, como provavelmente não me há de salvar de modo algum, mas antes perder-me, mas de qualquer modo é uma esperança sem a qual não posso subsistir. Além deste grande caminho ligam-me ao mundo exterior muitos outros estreitos, bastante seguros, pelos quais me chega ar respirável. Foram construídos por grandes ratos que eu soube atrair à minha obra. Oferecem-me as vantagens de seu grande alcance de olfato e desse modo protegem-me. Além disso, por sua causa chega-me uma fauna menor que eu devoro. De modo que, sem necessidade de abandonar minha obra, disponho de um meio de vida, embora limitado, suficiente. E isto é essencial.

Mas o melhor de minha construção é seu silêncio. Certamente, é enganoso; repentinamente pode interromper-se. Tudo estaria terminado. Mas no momento ainda existe. Durante horas posso deslizar pelas minhas galerias sem ouvir senão o rumor de algum animalzinho que imediatamente reduzo ao silêncio entre os meus dentes; ou o desabar da terra que me avisa da necessidade de alguma reparação. Tirando isso, o silêncio é absoluto. O ar do bosque penetra, há ao mesmo tempo abrigo e frescor. Às vezes me distendo e dou volta à galeria, satisfeito. É bom ter uma construção assim para a velhice que se aproxima, saber-se sob um teto quando principia o outono. A cada cem metros alarguei as galerias até convertê-las em pequenas praças circulares. Ali posso enrolar-me comodamente, abrigar-me em mim mesmo e descansar. Ali durmo o doce sono da paz, do desejo satisfeito, da alcançada meta de dono de casa. Não sei se é costume de antigas épocas ou se os perigos desta casa são suficientemente fortes para despertar-me; mas, regularmente, de tempo em tempo, o sobressalto arranca-me do sono e então espreito o silêncio, que aqui reina invariavelmente de dia e de noite; sorrio tranqüilizado e recaio, os membros frouxos, em sono ainda mais profundo. Pobres viajantes sem morada, nas estradas, nos bosques, no melhor dos casos acocorados em montões de folhas ou oprimidos entre os seus semelhantes, expostos a toda a perdição do céu e da terra! Eu, em troca, estou em uma praça protegida por todos os lados — mais de cinqüenta iguais a esta existem em minha construção — e em sonolência ou sono profundo transcorrem as horas que para isso escolho.

Quase no centro da obra está a praça principal, planejada para o caso de perigo exterior, não tanto de perseguição como de assédio. Enquanto todo o resto é fruto de árduo trabalho mental mais que físico, esta praça forte é o resultado do pesadíssimo trabalho de meu corpo e de cada uma de suas partes. Por vezes, na desesperação de meu cansaço corporal, quis abandonar tudo; me revoltava, maldizia a obra, arrastava-me para o exterior, deixando a construção exposta. Podia fazê-lo porque não queria regressar, até que, depois de horas ou de dias, retornava arrependido, prorrompendo quase em cânticos ao constatar a integridade da obra e, realmente contente, reiniciava o trabalho. A tarefa na praça forte agravava-se desnecessariamente (desnecessário significa que o trabalho de vasado não era essencial para a obra), porque justamente onde devia ubicar, segundo a planta, a terra era solta e arenosa, e era preciso conseguir que ela se tornasse compacta antes de formar o círculo belamente abobadado. Para tal trabalho possuo apenas a frente. Com a frente, portanto, investi contra a terra milhares de vezes, ao longo de dias e de noites, e era feliz quando os golpes a faziam sangrar, já que isso provava que a solidez estava próxima, e deste modo, creio que me será reconhecido, ganhei minha praça forte. Nesta praça forte armazeno as minhas provisões, compostas pelas sobras de minhas capturas dentro da casa, depois de satisfazer as necessidades imediatas, e pelo que trago de minhas caçadas no exterior. É tão vasto o local que não conseguiriam enchê-lo as reservas para meio ano; posso, portanto, estendê-las folgadamente, caminhar entre elas, brincar com elas, alegrar-me com a sua abundância, e seus diferentes cheiros, e ter sempre uma exata visão do que existe. Também posso fazer novas disposições, e conforme as épocas do ano, fazer novas previsões e projetos de caça. Há períodos em que estou tão provido de tudo que, indiferente à comida em geral, nem mesmo toco a caça menor que se agita aqui, o que, por outros motivos talvez seja temerário. Como conseqüência das múltiplas tarefas vinculadas aos preparativos de defesa, minhas idéias a respeito da utilidade da construção para esse caso se modificam ou se desenvolvem em forma importante. Parece-me perigoso basear a defesa exclusivamente na praça forte; a complexidade da obra me oferece outras muitas possibilidades e parece-me prudente distribuir as provisões dotando também delas algumas pequenas praças; então destino, por exemplo, cada terceiro lugar às reservas, ou cada quarto a depósito principal e cada segundo a armazém de reserva adicional, ou algo parecido a isso. Ou, para despistar, elimino certos caminhos da acumulação de reservas, ou elejo, muito salteadamente em direção da saída principal, apenas alguns poucos lugares. Cada projeto novo exige um fatigante trabalho de transporte, novos cálculos, e depois devo levar e trazer as cargas. Certamente, posso realizá-lo sem pressa; além disso, não é desagradável transportar manjares com a boca, descansar onde e como se quer, lambiscar o que mais aprecie. Às vezes, contudo, desperto sobressaltado, e, eis aí o mais grave, parece-me que a atual distribuição é completamente errada, que pode acarretar enormes perigos e que é urgente retificá-la, sem tempo para sonolências ou para o cansaço. Então apresso-me, vôo, não tenho tempo para cálculos, quero realizar novo e minucioso projeto, seguro o primeiro que me cai entre os dentes, arrasto, carrego, gemo, tropeço, e a primeira mudança favorável de circunstâncias tão excessivamente perigosas produz-me alívio. Até que paulatinamente, ao despertar completamente, parece-me absurdo o violento trabalho; aspiro profundamente a paz da casa, que eu mesmo havia destruído; volto ao leito e ao sono, e ao despertar constato que, como prova incontestável da já fantástica tarefa noturna, conservo alguma rata entre os dentes. Depois vêm períodos em que me parece melhor a reunião de todas as provisões em um só local. A utilidade das reservas nas pequenas praças é problemática; pouco cabe nelas e o que ali se deposita obstrui a passagem e até me impediria de deslocar-me em caso de alarme. Além do mais é, ainda que absurdo, certo que a sensação de segurança fica prejudicada quando não se vêm juntas todas as provisões e não se pode apreciar com um só olhar o que se possui. Além disso, com essas múltiplas distribuições, muito se pode extraviar. Não posso galopar constantemente em todas as direções para ver se tudo se encontra em perfeito estado. Certamente, a idéia fundamental de distribuir as reservas é exata, mas somente quando se possuem vários locais no estilo de minha praça forte. Vários locais! Naturalmente! Mas, quem pode realizar isso? Muito menos podem acrescentar-se agora, **a posteriori**, no plano do conjunto. Contudo quero reconhecer que nisso repousa um erro da construção, mas em geral sempre há um erro quando de algo se possui um único exemplar. E também reconheço que durante toda a construção da obra viveu obscuramente em minha consciência, embora com bastante nitidez, a idéia de dispor de mais de uma praça forte, mas não cedi; sentia-me demasiado fraco para tão extraordinário trabalho. Sim, sentia-me muito débil para encarregar-me da necessidade do referido trabalho e me consolava de qualquer modo com sensações não menos obscuras, segundo as quais o que em outro caso não seria suficiente alcançaria no meu, de modo excepcional, por graça, provavelmente porque a providência estava interessada na conservação de minha frente, de minha martinete. Tenho, portanto, apenas uma praça forte, mas os obscuros temores de que não poderia conseguir se perderam. Seja como for, devo conformar-me com uma só; as pequenas praças não poderiam substituí-la de modo algum, pelo que começo, quando este ponto de vista amadureceu, a arrastar tudo das pequenas praças para a principal. Por algum tempo consola saber livre todos os espaços e galerias, ver como se amontoam na praça forte as montanhas de carne, que mandam para as galerias mais afastadas a mistura de seus muitos cheiros, os quais me alegram, cada qual segundo sua índole e que mesmo à distância sei distinguir perfeitamente. Então chegam os tempos pacíficos durante os quais lenta e gradualmente transfiro meus abrigos dos círculos externos para o interior, fundindo-me cada vez mais nos odores, até que não suporto mais, e uma noite lanço-me sobre a praça principal, arrasto as provisões e me sacio com o melhor até o embotamento. Tempos ditosos, mas de perigo; quem os soubesse aproveitar, poderia destruir-me facilmente e sem risco. Também nisso influi perniciosamente a falta de uma segunda ou terceira praça forte, pois o fato de ser único o grande depósito é o que me perde. Procuro proteger-me contra isso de diversos modos; a distribuição nas praças menores é uma medida dessa índole. Mas, desgraçadamente, conduz como outras deste tipo, pelas provações que acarreta, a uma avidez ainda maior, e esta, desprezando o senso comum, altera os planos de defesa em seu benefício.

Após estes tempos, costumo revistar a obra, e quando tenham sido feitas as necessárias reparações a abandono, embora sempre por pouco tempo. O castigo de ver-me privado dela por muito tempo parece-me excessivo, mas reconheço que estas excursões são imprescindíveis. Minha aproximação à saída não carece de certa solenidade. Em períodos de vida caseira evito-a, e também a galeria que conduz a ela e suas ramificações. Não é nada fácil passear por ali, instalei nesse lugar um completo labirinto de galerias. Ali iniciei a obra, ainda não pude sonhar então em poder terminá-la segundo o projeto; comecei neste canto, quase brincando, aqui se desafogou o meu primeiro entusiasmo em uma construção labiríntica que, naquela ocasião, pareceu-me a mais excelente das construções, mas que considero hoje, provavelmente com maior justiça, como trabalho de iniciante, indigna do resto da construção. Em teoria talvez seja valiosa — aqui está a entrada de minha casa, dizia-lhes ironicamente aos inimigos invisíveis e via-os já asfixiados em massa nos labirintos de entrada — mas na realidade representa um ardil de paredes muito fraco, que dificilmente resistiria a um ataque sério ou a um inimigo que lutasse desesperadamente pela sua vida. Devo modificar por isso essa parte? Postergo a decisão e creio que ficará como está. À parte o volume de trabalho que me atiraria sobre os ombros, seria também a tarefa mais perigosa que se poderia imaginar. Naquela época, quando iniciei a construção, pude trabalhar ali com relativa tranqüilidade, o risco não era muito maior do que em qualquer outro lugar, mas hoje significaria chamar quase deliberadamente a atenção de todo o mundo sobre a obra. Hoje já não é possível. Conservo, contudo, certa ternura por esta empresa inicial, mas se vem o grande ataque, que traçado da entrada poderia salvar-me? A entrada pode certamente enganar, desviar, torturar o atacante, e também o conseguiria esta em último caso, mas é evidente que a um ataque realmente importante preciso resisti-lo imediatamente, com todos os meios da obra em conjunto e com todas as forças do corpo e da alma. Então que o acesso permaneça como está. Se a construção oferece tantas fraquezas impostas pela natureza, que suporte também estas deficiências criadas pela minha mão, que reconheço inteiramente, ainda que tarde. Certamente, com isto não está dito que estas falhas não me preocupem ainda de tempos em tempos. Quando em meus costumeiros passeios evito esta parte da construção, isso acontece principalmente porque seu aspecto me molesta; nem sempre quero olhar os defeitos, sobretudo se se encontram demasiado presentes em minha consciência. Que persista o insanável erro lá acima junto à entrada, mas eu quero evitar contemplá-lo o mais possível. Basta-me aproximar-me da saída, mesmo que ainda esteja separado dela por galerias e praças, para sentir-me em atmosfera de perigo; é como se minha pele se tornasse fina, como se fosse estar desnudo de carnes e me saudasse já o uivar de meus inimigos. Certamente, a saída em si, o final da zona de proteção, provoca já estes sentimentos, mas é esta construção o que me tortura especialmente. Às vezes sonho que reconstruí a entrada, que a modifiquei completamente, depressa, em uma só noite, com forças gigantescas, sem ser visto por ninguém, e que se tornou inexpugnável; o sono em que isto acontece é o mais agradável de todos e ao despertar ainda brilham em minha barba lágrimas de alegria e libertação.

O suplício deste labirinto devo superá-lo também corporalmente ao sair; desgosta-me e comove-me por sua vez o fato de extraviar-me por um instante em minha própria criação, como se a obra ainda se esforçasse em justificar sua existência, diante de mim, que desde há muito tempo formei para mim um juízo definitivo a seu respeito. Logo estou sob a capa de musgo, que muitas vezes deixo o tempo necessário para que se solde com o humus do bosque — antes não me movo da casa — e um só golpe da cabeça é-me suficiente para estar no exterior. Demoro muito a atrever-me a realizar este pequeno movimento, e se não tivesse que superar o labirinto de entrada provavelmente empreenderia o regresso. Como? Tua casa está protegida, fechada, vives em paz, abrigado e senhor, único senhor de uma infinidade de galerias e praças, e espero que não desejes sacrificar tudo isso, ou pelo menos expô-lo de algum modo. Tens, sim, a esperança de recuperá-lo, mas te comprometes em um brinquedo arriscado, demasiado arriscado. Há motivos razoáveis para isso? Não; para algo assim não pode haver motivos razoáveis. Contudo, levanto cautelosamente o alçapão, estou fora, deixo-o descer com cuidado, e em máxima velocidade possível fujo deste local delator.

Não estou realmente em liberdade, mas já não avanço segurando-me às galerias, mas lanço-me pelo bosque aberto, sinto novas forças em mim, para as quais de certo modo não há espaço na obra, nem mesmo na praça forte ainda que fosse dez vezes maior. Também a alimentação é melhor cá fora, embora a caça seja mais difícil e o êxito menos freqüente; mas o resultado é mais apreciável em todos os sentidos; tudo isto não o nego e sei apreciá-lo e desfrutá-lo, ao menos como outro qualquer, e provavelmente muito melhor, pois não caço estouvadamente ou por desesperação, como um saqueador, mas de modo prático e descansado. Também não estou predestinado e exposto à vida livre, mas sei que meu tempo está medido, que não estarei obrigado a caçar aqui indefinidamente, mas que de certo modo, quando o queira e me canse desta existência, alguém me chamará para si, alguém cujo convite não poderei recusar. E assim posso desfrutar inteiramente este tempo aqui, e gozá-lo sem preocupações, quer dizer, poderia, porque não o posso. A obra traz-me demasiado atarefado. Rapidamente afastei-me da entrada, mas logo retorno. Procuro um bom esconderijo e espreito a porta de minha casa — esta vez do lado de fora — durante dias e noites. Dir-se-á que é estúpido, mas a mim proporciona-me indizível alegria e me acalma. É como se não estivesse diante de minha casa, mas de mim mesmo, enquanto durmo, como se tivesse a felicidade de poder ao mesmo tempo dormir profundamente e vigiar-me de forma rigorosa. Até certo ponto não somente me caracteriza a capacidade de ver os fantasmas noturnos durante a confiada inocência do sono, mas também de enfrentá-los na realidade, com a total força da vigília e com serenidade de juízo. E deparo que a minha situação não é tão desesperada como acreditava com freqüência e como provavelmente tornará a parecer-me quando volte à minha casa. Neste sentido, e também em outro, mas especialmente neste, tais excursões são realmente imprescindíveis. Apesar do cuidado que tomei em escolher para entrada um lugar afastado, o trânsito que se produz, se se resumem as observações de uma semana, é muito grande, mas talvez seja assim em todas as regiões habitáveis, e provavelmente seja também mais vantajoso afrontar um trânsito mais intenso, ao qual seu próprio volume desloca, que expor-se em completa solidão à morosa busca de qualquer intruso. Aqui existem muitos inimigos, e seus cúmplices são ainda mais numerosos, mas como estão ocupados em combater-se entre si, passam longe. Durante todo este tempo não vi ninguém investigar à entrada, por sorte para ambos, porque esquecido do perigo, inconscientemente, lhe teria saltado ao pescoço. Certamente, chegaram também invasores em cuja proximidade não me atrevi a estar; suspeitá-los apenas na distância me obrigava a fugir. A respeito de sua conduta em relação à construção não devera expressar-me categoricamente, mas baste para tranqüilizar, que eu voltava logo, não encontrava ninguém e achava a entrada intacta. Tempos felizes em que quase me dizia que a hostilidade do mundo contra mim provavelmente teria terminado ou diminuído, ou que o poder de construção me salvava da luta de aniquilamento que perdurara até agora. A obra protege-me talvez mais do que teria chegado a pensar, ou do que me teria atrevido a pensar no interior da própria construção. Cheguei até a alimentar o desejo infantil de não regressar à obra nunca mais, senão instalar-me aqui na proximidade da entrada e passar minha vida na sua contemplação, não perdê-la de vista e encontrar minha felicidade na comprovação da firmeza com que a obra me teria protegido estando eu nela. Mas espantoso despertar costuma sobrevir a sonhos infantis. Que seguro tenho aqui? Posso julgar o perigo em que me encontro no interior através das experiências que realizo de fora? Têm os meus inimigos o verdadeiro rastro quando não estou na construção? Algo percebem provavelmente, mas não com segurança. E não é freqüentemente a existência de um completo olfato a premissa necessária de um perigo normal? Trata-se então apenas de meias provas ou da décima parte de uma prova, apropriadas antes para tranqüilizar-me e precipitar-me no máximo perigo por esta falsa tranqüilidade. Não, eu não estudo os meus sonhos, como acreditava; antes, sou o que dorme enquanto o Malvado vigia. Talvez esteja entre os que distraidamente rondam e passam apenas para garantir-se, como eu mesmo, de que a porta está intacta e aguardando atacá-la; talvez apenas passem porque sabem que o dono da casa não está no interior ou talvez até saibam que espera inocentemente no matagal vizinho. E abandono meu posto de guarda, estou farto da vida ao ar livre, é como se já não pudesse aprender nada aqui, nem agora nem mais tarde. E sinto desejos de despedir-me de tudo isto, e descer à obra e não voltar nunca mais, de deixar que as coisas sigam o seu curso, sem procurar demorá-las com inúteis observações. Mas, afagado porque durante tanto tempo vi o que acontecia acima da entrada, torna-se-me agora torturante levar a término a quase espetacular operação da descida, sem saber o que vai se passar em todo o contorno às minhas costas, além do alçapão tornado ao seu local. Tento-o depois em noite turbulenta, atiro rapidamente a caça ao interior, parece-me consegui-lo, mas o resultado só estará à vista quando eu mesmo tenha descido, estaria à vista, mas não para mim, ou talvez também para mim, mas demasiado tarde. Abandono, pois, e não desço. Cavo, a bastante distância da verdadeira entrada, naturalmente, uma toca de prova, não maior do que eu mesmo, e também coberta com um manto de musgo. Acocorome na toca, cubro-a por trás de mim, cuidadosamente calculo períodos mais ou menos longos a diferentes horas do dia, atiro depois o musgo, saio e registro minhas observações. Realizo estas diversas experiências boas e desfavoráveis, mas não consigo estabelecer uma lei geral ou um proceder infalível para a descida. Em conseqüência, não desci à verdadeira entrada, e desespero-me por ter de o fazer logo. Estou a ponto de tomar a decisão de afastar-me, de retomar a velha vida sem consolo, que não oferecia nenhuma segurança, que era uma uniforme plenitude de perigos e que portanto não permitia diferenciar e temer um só perigo, como me ensina continuamente a comparação entre a segurança de minha obra e a outra vida. Certamente, tal determinação seria uma inteira loucura, provocada pela farta e prolongada liberdade sem sentido: ainda a obra é minha, apenas tenho que dar um passo e estou a resguardo. E deponho toda vacilação, corro diretamente, em plena luz do dia, para a porta, para levantá-la agora com segurança, mas contudo não sou capaz, passo por ela, e atiro-me em um matagal espinhoso para castigar-me, para castigar-me por uma culpa que desconheço. Depois, definitivamente, tenho de reconhecer que estou certo, que é realmente impossível descer sem expor a todos, ao menos por um instante, a mais apreciada de minhas posses, aos que estão no solo, nas árvores e nos ares. E o perigo não é imaginário, porém muito real. Não é forçoso que o inimigo, cujo desejo de perseguir-me provoco o seja verdadeiramente, basta que seja uma insignificância, qualquer pequeno ser repugnante que me segue por curiosidade, e que por isso, sem o saber, se converte no guia do mundo contra mim. Também não precisa ser, e talvez é, e isto não é menos grave que o outro, em certo sentido é o mais grave, talvez seja alguém de minha espécie, um conhecedor e apreciador de obras, qualquer irmão do bosque, um amante da paz, mas um malandro dissipador que quer habitar sem construir. Se ao menos viesse já e descobrisse com suja avareza a entrada, se começasse a trabalhar nela, levantar o musgo, se tivesse êxito, se se introduzisse, se estivesse já tão dentro que apenas me mostrasse o traseiro por um instante, se tudo isto sucedesse para que por fim, lançando-me atrás dele, livre de qualquer hesitação lhe pudesse saltar em cima, mordê-lo, destroçá-lo, beber-lhe o sangue e pisotear seu cadáver com o taco da botina, mas, sobretudo, isto seria o principal, que por fim me encontrasse em casa. Com gosto admitiria esta vez o labirinto, mas antes estenderia sobre mim o manto de musgo para descansar longamente, creio que por todo o resto de minha vida. Mas não vem ninguém e fico preso a mim mesmo. Ocupado continuamente com as dificuldades do assunto, perco grande parte de meu medo. Já não vigio a entrada, nem mesmo pelo lado externo; rondá-la em círculos converte-se em minha ocupação favorita, é quase como se eu fosse o inimigo e espiasse a oportunidade de irromper. Se ao menos tivesse alguém em quem pudesse confiar, a quem pudesse deixar meu posto de observação, então sim poderia descer tranqüilo. Eu combinaria com ele, com o homem de confiança, em que observasse exatamente a situação durante a minha descida, ou um tempo mais, e que em caso de sinais de perigo, batesse na capa de musgo, e se não, não. Com isto, acima tudo estaria livre, apenas ficaria meu homem de confiança, mas não pediria algum pagamento? Não quereria ao menos contemplar a obra? Já isto por si só, deixar alguém entrar voluntariamente em minha obra, ser-me-ia extremamente desagradável. Fi-la para mim, não para visitantes; creio que não o deixaria entrar. Nem mesmo ao preço de possibilitar a mim mesmo a entrada. Mas não poderia deixá-lo entrar de modo algum, porque, ou teria que deixá-lo descer só, o que vai além de todo o imaginável, ou teríamos que descer juntos, com o que se perderia a vantagem que ele devera proporcionar-me, quer dizer, fazer observações atrás de mim. E que é isto de confiança? Posso continuar confiando naquele em que confio cara a cara, do mesmo modo quando já não o vejo mais e nos separa a capa de musgo? É relativamente fácil confiar em alguém quando se vigia a ele ao mesmo tempo, ou quando ao menos existe a possibilidade de vigiá-lo; até é possível confiar em alguém à distância, mas confiar em alguém desde o interior da construção, quer dizer, do outro mundo, isso o creio impossível. Mas tais dúvidas nem mesmo são imprescindíveis, basta pensar que durante minha descida ou depois dela as inumeráveis casualidades da vida impedissem ao meu homem de confiança cumprir com seu dever. Suas menores dificuldades poderiam ter conseqüências, incalculáveis para mim. Não; considerando tudo em conjunto, não deveria queixar-me por estar só e não ter em quem confiar. Com isso, certamente, não perco nenhuma vantagem e me livro de prejuízos. Devia tê-lo pensado antes, para o caso que agora me ocupa, e tomar medidas. Teria sido possível, pelo menos em parte, durante o início da obra. Devia ter desenhado a primeira galeria de modo tal que tivesse duas bocas, bastante separadas entre si, de maneira que eu pudesse introduzir-me em uma — com todas as dificuldades inevitáveis — transferir-me rapidamente pelo começo da galeria até a segunda entrada, erguer ali a capa de musgo preparada para isso, e observar a situação durante alguns dias e noites. Apenas assim estaria tudo bem. É verdade, duas entradas duplicam o perigo, mas teria podido rejeitar estas preocupações em vista de que uma das bocas, a suposta como lugar de observação, seria inteiramente estreita. E com isto me perco em considerações técnicas e começo outra vez a sonhar com meu projeto de construção perfeita; isto me tranqüiliza em parte; contemplo, contente, de olhos fechados, as múltiplas soluções construtivas, claras e menos claras, destinadas a permitir-se entrar e sair sem ser percebido.

Quando, comodamente deitado, reflito, valorizo muito estas possibilidades, mas apenas como conquistas técnicas, não como verdadeiras vantagens, porque, que sentido tem isto de entrar e sair desapercebidamente? Faz supor espírito intranqüilo, falta de segurança, sujos apetites, condições negativas que se agravam ainda mais em presença da obra, que contudo está ali, e que é capaz de inundar de sossego ao pouco que alguém se permita. Naturalmente, agora estou fora dela e procuro uma possibilidade de retorno; as disposições técnicas necessárias para isso seriam muito desejáveis. Mas, talvez, nem tanto. Não se subestima a obra durante o momentâneo arrepio de medo ao considerá-la apenas como um buraco bom para refúgio? Certamente que é também um buraco seguro, ou devera sê-lo, e quando me imagino em meio de perigo desejo, com os dentes apertados, com toda a força do meu desespero, que não seja senão o buraco destinado a salvar-me a vida e que cumpra cabalmente esta tarefa, e estou disposto a relevá-lo de qualquer outra. Mas acontece que na realidade — e a esta não se dá atenção durante o maior perigo, e mesmo em tempos de riscos comuns é difícil reparar nela — dá muita proteção, porém não a suficiente, porque as preocupações não terminam nunca, inteiramente, na obra. São outras preocupações, de mais alto teor, mais ricas em conteúdo, freqüentemente muito postergadas, mas provavelmente tão roedoras como as que depara a vida no exterior. Se tivesse realizado a obra apenas para assegurar minha vida, certamente não me teria enganado, mas a relação entre o enorme trabalho e a segurança alcançada, ao menos até onde estou em condições de apreciá-la e de beneficiar-me com ela, não seria muito favorável para mim. É muito doloroso reconhecer isto, mas é preciso fazê-lo, ainda mais em presença da entrada que se fecha agora contra mim, contra seu construtor e proprietário, em forma quase espasmódica. É que a obra não é exatamente um buraco de salvação. Quando me detenho na praça forte, rodeado por altos depósitos de carne, o rosto voltado para as dez galerias que partem dela, cada qual com sua inclinação, seja para cima ou para baixo, retas ou curvas, ampliando-se ou estreitando-se e todas igualmente silenciosas e vazias, e prontas, cada uma a seu modo, para conduzir-me para outras muitas praças, também silenciosas e vazias, então se afasta de mim a idéia de segurança, então sei com certeza que este é meu castelo, que conquistei à terra, palmo a palmo, arranhando e mordendo, pisando e puxando, meu castelo que de modo algum pode pertencer a outro e que é tão meu que nele poderia tranqüilamente, em último caso aceitar as feridas mortais de meus inimigos, porque meu sangue embeberia a terra que é minha e não se perderia. E não é outro o sentido das formosas horas que costumo passar nas galerias, já dormindo pacificamente, já vigiando de bom grado, nestas galerias que foram calculadas exatamente para mim, para poder estirar-me satisfeito ou brincar como uma criança, ou jazer sonhadoramente, ou adormecer feliz. E as pequenas praças, tódas perfeitamente conhecidas e que, apesar de sua completa igualdade, posso diferenciar entre si de olhos fechados pela simples curvatura de suas paredes, cercam-me amistosas e cálidas, como um ninho de ave. E tudo, tudo, silencioso e vazio.

Mas se assim é, por que hesito, porque temo mais ao intruso que à possibilidade de não voltar a ver minha obra? Felizmente, esta última hipótese é impossível, e não é preciso refletir muito para entender tudo o que a construção significa para mim; eu e a obra estamos tão unidos, pertencemo-nos reciprocamente em tal grau, que poderia tranqüilamente, com todo o meu temor, permanecer aqui, deitar-me, e sem necessidade de dominar-me abandonar todo cuidado e mesmo abrir a entrada; ainda mais, bastar-me-ia esperar preguiçosamente, porque definitivamente, de um modo ou de outro, voltarei para baixo. Mas, quanto tempo pode passar até então, e quantas coisas podem acontecer enquanto isso, aqui em cima e lá embaixo? E depende apenas de mim encurtar este prazo e fazer logo o necessário.

E já, cansado até não poder pensar, a cabeça pendida, as pernas inseguras, semiadormecido, apalpando mais do que caminhando, aproximo-me da entrada, ergo lentamente o musgo, desço lentamente, em minha perturbação deixo aberta a entrada durante um tempo desnecessariamente longo, lembro-me depois de minha omissão, subo para corrigi-la. Para que subir? tenho apenas de correr a capa de musgo, bem, então desço novamente, e, finalmente, a corro. Somente neste estado de espírito, exclusivamente neste estado de espírito encontro-me em condições de realizá-lo. Depois estou deitado sob o musgo no alto da presa de guerra, nadando entre sangue e sucos de carne, e poderia começar a dormir o sono tão desejado. Nada me perturba, ninguém me seguiu, acima do musgo tudo parece tranquilo, pelo menos até agora, e mesmo que não estivesse, creio que não me poderia demorar agora em observações. Mudei de lugar, do mundo exterior retornei à obra e imediatamente sinto o efeito. É um mundo novo que proporciona novas energias, o que em cima seria cansaço aqui não o é. Regressei de uma viagem, esgotado pelas penúrias até o embotamento, mas o reencontro com a antiga habitação, os arranjos que me esperam, a necessidade de visitar sequer superficialmente todas as dependências, e sobretudo de avançar quanto antes para a praça central, tudo isso transforma meu esgotamento em agitação e entusiasmo, é como se durante o mesmo instante em que pus os pés na obra tivesse dormido um longo sono. A primeira tarefa é muito penosa e me absorve completamente: fazer passar a caça pelas estreitas e débeis galerias do labirinto. Puxo com todas as minhas forças, avanço realmente, mas me parece que com muita lentidão; para apressar, atiro para trás uma parte das massas de carne e escorro-me por cima e através delas. Agora tenho apenas uma parte à minha frente, agora está melhor, mas estou entalado na abundância da carne, que na estreiteza das galerias — nas quais ainda a sós me é difícil avançar às vezes — poderiam asfixiar-me as minhas próprias provisões: freqüentemente somente comendo e bebendo posso defender-me de seus embates. Mas o transporte progride, consigo-o em pouco tempo, o labirinto foi superado, respirando a larga saio em uma verdadeira galeria, puxo o saque através de um canal de comunicação para uma galeria principal, especialmente criada para isto, que leva em pronunciado declive para a praça forte. Agora já é fácil, agora rola e mana o conjunto quase por si mesmo. Finalmente, em minha praça forte! Finalmente, poder descansar! Nada mudou, nenhuma desgraça maior parece ter sobrevindo, e os pequenos danos, que noto à primeira vista, logo estarão corrigidos. Mas antes devo perçorrer as galerias, o que não representa um esforço, mas uma prática com amigos, como era antes nos velhos tempos — na verdade não sou tão velho, mas as lembranças de muitas coisas se turvam quase inteiramente — como eu o fazia antes, ou como ouvi dizer que acontecia antes. Começo agora com a segunda galeria, com deliberada lentidão; depois de ter visto a praça forte disponho de um tempo infinito — sempre no interior da obra disponho de tempo infinito — porque tudo que ali faço é bom e importante e me alimento de certo modo. Começo com a segunda galeria e interrompo a inspeção na metade e passo à terceira, pela qual me deixo levar de novo até a praça principal, e devo voltar a ocupar-me da segunda galeria, e brinco assim com o trabalho e o multiplico, rio-me sozinho, gozo, e me embebedo completamente entre tanto trabalho, mas não o abandono. Por vós, galerias e praças, e por teus problemas, antes de tudo, praça principal, voltei, sem valorizar em nada a minha vida, depois de incorrer durante muito tempo na ingenuidade de tremer por ela, e de postergar por ela o retorno. Que me importa o perigo agora que estou convosco. Vós me pertenceis, eu vos pertenço, estamos ligados, que pode acontecer-nos? Que lá em cima se aglomere o povo se quiser; que esteja pronto já o focinho que há de perfurar o musgo! Muda e vazia saúda-me agora também a obra e reforça o que digo, mas me vem certa frouxidão e em um dos meus lugares preferidos enrolo-me um pouco — falta muito para que eu tenha visto tudo, quero prosseguir a inspeção até o final — não quero dormir aqui. Cedo apenas à tentação de me instalar como se fosse dormir, comprovar se o consigo tão bem como antes. Consigo-o, mas o que não consigo é recuperar-me e permaneço aqui profundamente adormecido.

Certamente dormi muito tempo, tão-somente consigo sair do último sonho, que se está dissolvendo por si mesmo, deve ser um sono muito leve, pois um ciclo apenas audível me desperta. Compreendo-o no mesmo instante; a criação miúda, não vigiada por mim, demasiado descuidada por mim, verrumou em minha ausência um novo caminho em alguma parte; este caminho se reúne com algum outro, o ar se junta e isso produz o silvo. Que povo tão interminavelmente ativo e quão molesta a sua atividade! Ver-me-ei obrigado, escutando nas paredes de minha galeria e com perfurações de sonda, a determinar o local da perturbação, para somente depois eliminar este ruído. Além do mais, o canal, se de algum modo é adaptável à obra, ser-me-á útil como novo conduto de ar. Mas daqui por diante vigiarei melhor os pequenos: nenhum deve escapar.

Como tenho muita prática nestas investigações, certamente não demorará muito, e posso começar logo, ainda que existam outros trabalhos, mas é este o mais urgente: deve reinar o silêncio em minhas galerias. Este ruído é relativamente inocente; nem mesmo o ouvi ao chegar embora, certamente, já devia existir; tive de reacostumar-me à casa para notá-lo, de certo modo é apenas audível para o ouvido do dono da casa. E nem sequer é permanente, como geralmente costumam ser estes ruídos, mas há grandes intervalos, isso se deve ostensivamente ao entorpecimento da corrente de ar. Começo a investigação, mas não consigo encontrar o lugar onde deva intervir; faço algumas escavações, apenas ao acaso; naturalmente, assim não obtenho nenhum resultado, e o grande trabalho de cavar e o ainda maior de encher e emparedar tornam-se inúteis. Nem mesmo consigo aproximar-me do local do ruído; inalteravelmente sutil soa a intervalos regulares, uma vez como um cicio e a seguinte como um silvo. Sim, para o momento não precisaria fazer-lhe caso, mas é demasiado irritante; não, não resta dúvida, a origem deve ser aquela que eu supus, é, portanto, difícil que aumente de gravidade; ao contrário, pode acontecer que — contudo jamais esperei tanto até agora — com o passar do tempo o ruído cesse totalmente, ao progredir o trabalho dos pequenos mineiros, sem contar que freqüentemente uma casualidade leva à descoberta da pista melhor do que a busca sistemática. Assim me consolo, e preferiria continuar percorrendo as galerias e visitar os locais e praças, muitas das quais não tornei a ver, e comprazer-me também um pouco na praça forte, mas não posso permitir-me tal, devo continuar a busca. Muito tempo, demasiado, que eu poderia utilizar de melhor maneira, me custa esta criatura. Em tais circunstâncias, costuma tentar-me o problema técnico; partindo do ruído, por exemplo, que meu ouvido está especialmente dotado para distinguir em todas as suas finezas, procuro imaginar a sua causa, e então apresso-me a comprovar se corresponde à realidade, com bom fundamento, porque enquanto não se produza uma comprovação, assim apenas se tratasse de estabelecer para onde roda um grão de areia, não poderia sentir-me seguro. E até um ruído assim não deixa de ser neste aspecto uma questão importante, mas importante ou não, por mais que procure não encontro nada, ou melhor, encontro muito. Exatamente em minha praça predileta tinha de acontecer isto; afasto-me pensando que tudo seja brincadeira, até a metade do caminho para a praça seguinte, mas como se necessitasse provar a mim mesmo que não precisamente meu lugar predileto preparou esta perturbação, mas que elas existem também em outras partes, sorrio e me ponho a escutar. Mas em seguida deixo de sorrir, porque realmente também aqui se ouve o mesmo cicio. Não é nada, ninguém além de mim poderia ouvi-lo, penso, mas com o ouvido afinado pelo esforço o ouço agora cada vez com maior clareza, embora se trate em todas as partes do mesmo som, exatamente, como posso comprová-lo por comparação. Tampouco se intensifica quando, sem aproximar o ouvido da parede, espreito na metade da galeria. Então apenas esforçando-me distingo por momentos como o sopro de um som, que mais pareço adivinhar que perceber. Esta uniformidade em todas as partes me perturba ao máximo, por ser impossível fazê-la coincidir com minhas primitivas deduções. Se eu tivesse adivinhado corretamente sua causa, o som teria maior intensidade no local de irradiação, que seria exatamente aquele que eu teria de procurar, para fazer-se depois cada vez mais fraco. Se minha explicação não é exata, de que se trata, pois? Havia ainda a possibilidade de existirem dois focos sonoros, e que tendo eu escutado a ambos a distância, quando me aproximasse de qualquer deles, ainda que um dos sons aumentasse, o outro diminuía, ficando o resultado em conjunto quase invariável. Parecia-me então, quando prestava melhor atenção, que podia perceber, embora confusamente, algumas variações, o que parecia coincidir com a nova hipótese. De qualquer modo devia ampliar muito mais o campo de minhas explorações. Descendo, portanto, pela galeria até a praça forte, começo a escutar nesse lugar. É estranho, o mesmo som aqui também. Sim, é ruído provocado pelas escavações de animaizinhos insignificantes, que aproveitaram de modo infame o tempo de minha ausência; certamente, não têm intenções hostis contra mim, tão-somente estão ocupados em sua própria obra, e enquanto não se lhes depare um obstáculo conservarão a direção inicial. Tudo isso eu o sei; contudo, é-me incompreensível e me excita, e a idéia de que se tenham atrevido a aproximar-se da praça forte me perturba os sentidos, que tanto preciso para o trabalho. Não quero agora estabelecer diferenças, mas algo, seja a consideravel profundidade em que está localizada a praça principal, seja sua grande extensão, com a conseqüente corrente de ar, detinha os cavadores. Ou talvez ainda mais simplesmente, chegara à sua obtusa compreensão algum indício de que se tratasse da praça forte. Nunca havia observado perfurações nas paredes desta; certamente, multidões de animais se aproximam atraídos pelas intensas emanações e eu tinha aqui caça segura. Mas tinha entrado em outro local mais acima e, irresistivelmente atraídos, sobrepondo-se à sufocação, desciam pelas galerias. Mas agora verrumavam também nestas. Se ao menos tivesse executado os mais importantes projetos de minha juventude e de minha recente madureza, ou melhor, se ao menos tivera a força para executá-los, porque não me faltou vontade. Um dos projetos preferidos era separar a praça forte da terra circundante, quer dizer, criar por fora um espaço vazio em todo o seu contorno, com exceção apenas de um pequeno suporte que, desgraçadamente, não poderia isolar-se da terra. As paredes continuariam com espessura aproximadamente igual à minha própria altura. Sempre me imaginara, e creio que com razão, este espaço vazio como um dos lugares mais atraentes e confortáveis. Estar suspenso sobre sua curvatura, içar-se, resvalar por ela, rodar e encontrar novamente o sol sob os pés, e executar todos estes jogos sobre o próprio corpo da praça forte, mas sem estar em seu interior! Poder evitar a praça, descansar os olhos de sua imagem, postergar a alegria de tornar a vê-la, mesmo sem chegar a privar-se dela, estreitá-la literalmente entre as garras, coisa que é impossível quando se dispõe de um acesso comum apenas. E, sobretudo, poder vigiá-la, e, como compensação de não tê-la à vista, poder escolher entre instalar-se na praça ou no espaço vazio, e escolher certamente este último, e pelo resto da vida deambular por ele guarnecendo a praça. Então não haveria mais ruídos nas paredes, nem descaradas escavações para a praça, então estaria assegurada a paz e eu seria seu guardião; já não teria que escutar com desagrado o trabalho de sapa desta praga, porém, e com deleite, algo que me falta agora completamente: o sussurro do silêncio na praça principal.

Mas, infelizmente, toda esta beleza não existe, devo voltar ao meu trabalho felicitando-me quase de que se vincule diretamente com a praça, o que me dá coragem. Certamente, como se comprova cada vez mais, necessito de todas as minhas energias para esta tarefa que a princípio pareceu insignificante. Percorro agora as paredes da praça e escuto, e onde quer que aplique o ouvido, no alto e junto ao solo, próximo da entrada ou no interior, em todas as partes, em tôdas o mesmo ruído. E esta prolongada atenção ao som intermitente, quanto tempo, quanto esforço exige! Talvez possa encontrar-se um pequeno consolo, próprio para a autosugestão, no fato de que aqui, em toda a extensão da praça principal, diversamente do que sucede na galeria, ao afastar-se o ouvido do solo, já não se ouve nada. Apenas para descansar, para recuperar-me, faço com freqüência estes ensaios, escuto forçadamente, sinto-me feliz por não ouvir nada. Mas, no restante, que aconteceu? Este fenômeno destrói minhas primeiras explicações, e tenho ainda de desfazer-me de outras que se oferecem. Poder-se-ia pensar que o que ouço são os animaizinhos em seu trabalho, mas isto estaria em contradição com a experiência; o que não ouvi nunca, ainda que sempre estivesse presente, não posso começar a ouvi-lo de repente. Talvez, com os anos passados na obra, minha sensibilidade frente às perturbações se tenha acrescentado, mas de nenhum modo é possível que se afine o ouvido. É da essência da praga o não ser ouvida. Teria tolerado isto antes? Mesmo ao risco de perecer de fome, tê-la-ia exterminado. Mas provavelmente também, e esta idéia vai-se infiltrando em mim, possa tratar-se de animal de espécie que desconheço. Ainda que há muito tempo observo a vida aqui em baixo, cuidadosamente, poderia ser possível: o mundo é complexo e nunca faltam surpresas desagradáveis. Mas não poderia ser um animal único, teria de tratar-se de um rebanho, que de repente invadiu meus domínios, de um grande rebanho de seres que, embora superiores a estes bichos, os superem em pouco, já que é muito pequeno o ruído de seu trabalho. Poderiam ser então animais desconhecidos, um rebanho de passagem, que me perturba sim, mas que logo teria fim. Em conseqüência, poderia limitar-me a esperar, sem realizar trabalhos que resultariam finalmente inúteis. Mas se são animais desconhecidos, como não consigo vê-los? Já fiz muitas escavações para apanhar ao menos um deles, mas não encontro nenhum; ocorre-me que talvez sejam pequeníssimos, muito menores que todos os que conheço e que apenas o barulho que produzem é maior. Por isso reviso a terra extraída, quebro os torrões até reduzi-los a partículas ínfimas, mas os barulhentos não aparecem. Muito lentamente vou compreendendo que com estas escavações ao acaso não chegarei a nada, apenas destruo as paredes, escavo à pressa aqui e ali, não tenho tempo para encher os buracos, em muitas partes já existem montanhas de terra que obstruem o caminho e a visão. Certamente, isto me aborrece apenas de modo acessório; agora não posso passear, nem contemplar, nem descansar; freqüentes vezes fiquei adormecido por instante em qualquer buraco, em meio ao trabalho, com uma sarpa repousando no alto, na terra, sôbre o torrão que no último instante de vigília quis arrancar. Agora mudarei os meus métodos. Cavarei uma verdadeira saída em direção do ruído e não descansarei de meus esforços até que, independentemente de toda esta teoria, encontre a verdadeira causa do ruído. E depois a eliminarei, se estiver em meus meios, e, em caso contrário, pelo menos terei uma certeza. Esta certeza me trará ou a calma, ou o desespero, mas de qualquer modo, isto ou aquilo, pelo menos será algo indubitàvel e justificado. Esta determinação me faz bem. Tudo o que fiz até agora parece-me apressado, realizado na excitação do regresso, ainda não liberto das preocupações do mundo exterior, ainda não reabsorvido na calma da obra; hipersensibilizado pela longa privação dela, deixou que o meu juízo fosse arrebatado por estranho fenômeno. Porque, de que se trata? Um ligeiro cicio intermitente, um nada, ao qual se poderia, não, não digo que alguém se pudesse acostumar a isso, mas que se poderia, sem tentar para o momento nada, observar durante algum tempo, quer dizer, escutá-lo ocasionalmente cada tantas horas e registrar pacientemente os resultados, e não, como eu, arrastar a orelha ao longo das paredes, e ao menor sinal de ruído abrir a terra, não tanto para encontrar algo realmente, como para traduzir em alguma coisa a agitação do meu interior. Tudo isto, mudará agora, eu espero. E por outro lado, também não o espero — como tenho de reconhecê-lo de olhos fechados, irritado contra mim mesmo — porque a inquietude vibra ainda em mim, exatamente como horas atrás, e se a prudência não me contivesse, já começaria a cavar agora mesmo em qualquer lugar, sem preocupar-me se se ouvisse algo ou não, absurda, empenhadamente como a própria praga, que, ou cava inteiramente sem sentido ou o faz porque come terra. O novo e judicioso projeto me tenta, e por outro lado não me tenta. Não há nada a objetar contra ele, eu pelo menos não acho nenhuma objeção; deve conduzir ao êxito, conforme eu o vejo. E apesar de tudo, no fundo, não tenho fé nele, tenho tão pouca fé nele que nem mesmo me atemorizam os possíveis horrores do resultado, nem mesmo acredito em resultado horroroso; é como se já à primeira aparição do ruído tivesse pensado nessa escavação metódica, deixando-a de lado apenas porque não tinha confiança nela. Apesar de tudo, começarei certamente com a escavação, mas não em seguida, postergarei um pouco o trabalho. Quando o juízo volte ao seu equilíbrio, então o realizarei; não hei de me precipitar. Certamente, antes preciso corrigir os estragos que meu escavar provoca na obra; custará não pouco tempo, mas é necessário; se a nova escavação há de conduzir ao objetivo, indubitavelmente será longa, e se não conduz a nenhum objetivo então será infinita, e de qualquer modo, esta tarefa provocará uma prolongada ausência da obra, não tão grave como a passada no mundo exterior — posso interromper a tarefa quando quiser e visitar a casa, e mesmo que não fizesse isto, chegar-me-ia o ar da praça principal e me rodearia durante o trabalho — mas de qualquer modo significaria afastar-me da obra e expor-me a um destino incerto, pelo que desejo deixar tudo em ordem; que não se diga que eu, o que luta pela sua tranqüilidade, a turvei eu próprio sem restabelecê-la depois. Como o que começo a empurrar a terra para os buracos, trabalho que conheço perfeitamente, que realizei inúmeras vezes, quase sem ter consciência de que realizava um trabalho e que, sobretudo no que se refere ao último apisoamento e alisamento — isto não é vaidade, é a simples verdade — executo de modo insuperável. Desta vez, contudo, faz-

-se-me difícil, estou distraído; sempre de novo, na metade do trabalho, aperto o ouvido contra a parede, escuto e, indiferente, deixo escapar a terra recém erguida, que retorna à galeria. Os últimos trabalhos de embelezamento, que exigem maior atenção, mal posso executá-los. Ficam desagradáveis corcovas, gretas incômodas, sem falar ao menos que não se consegue restaurar o antigo traçado de uma parede assim remendada. Procuro consolar-me pensando que se trata de um trabalho provisório. Quando regresse e a paz esteja restabelecida, então melhorarei tudo de forma definitiva, tudo se poderá fazer em um instante. Sim, nas fábulas tudo se faz em um instante, e este consolo pertence também às fábulas. Melhor seria logo fazer trabalho perdurável, mais útil, que tornar a interrompê-lo seguidamente, perambular pelas galerias e estabelecer novas fontes do ruído, o que na verdade é muito fácil, porque não exige mais do que deter-se em qualquer lugar e escutar. E ainda faço outras inúteis descobertas. Às vezes parece-me que o ruído terminou — produzem-se longos intervalos — às vezes não se ouve o sussurro, golpeia muito forte o sangue nos ouvidos, então se juntam dois intervalos em um, e durante um instante se pensa que o cicio terminou para sempre. Não se ouve mais, salta-se, toda a vida dá uma volta, é como se se abrisse o manancial do qual flue o silêncio da construção. Abstém-se de comprovar em seguida a descoberta, procura-se alguém ao qual possa confiá-la de forma indubitável, galopa-se para isso em direção à praça principal, recorda-se, já que, com tudo o que se é, despertou-se para uma nova vida, de que há muito tempo não comeu, arranca-se qualquer coisa dentre as provisões semicobertas pela terra, está-se ainda engolindo enquanto retorna ao local da incrível descoberta — quer-se, acessoriamente, apenas superficialmente, enquanto se come, certificar-se do acontecido — escuta-se, mas a fugaz atenção revela logo que se equivocou miseravelmente, que o sussurro continua imperturbável na distância. E cospe-se a comida e até se quisera pisoteá-la e volta-se ao trabalho sem mesmo saber-se a qual, em qualquer local, onde pareça necessário, e destes lugares há muitos, começa-se mecanicamente a fazer algo, como se tivesse chegado o capataz e fosse preciso representar uma comédia. Mas apenas se trabalhou um momento assim, pode acontecer que se faça nova descoberta. O ruído parece ter-se feito mais intenso, não muito, naturalmente, sempre se trata aqui de diferenças sutis, mas se eleva um pouco mais forte, de todos os modos, de forma claramente audível. E este crescimento parece uma aproximação, e quase com mais clareza que o aumento sonoro se percebe nitidamente o andar que se aproxima. Salta-se da parede e, com um golpe de vista, procura-se apreender todas as possibilidades que esta nova descoberta trará como conseqüência. Tem-se a sensação de que a obra jamais fora instalada com vista à defesa, melhor dizendo, tinha-se a intenção, mas o perigo do ataque e portanto os preparativos da defesa, pareciam distantes, ou não distantes, (como seria possível?), mas certamente como de importância muito inferior aos preparativos destinados à vida pacífica, que em conseqüência gozaram de prioridade em todas as partes da obra. Muito se poderia ter feito naquele outro sentido, sem modificar o projeto fundamental, mas se omitiu de modo incompreensível. Tive muita sorte em todos estes anos, a sorte me favoreceu, mas a intranqüilidade dentro da ventura não leva a nada.

O que teria de fazer prontamente era revisar toda a obra, minuciosamente, analisar todas as possibilidades de defesa imagináveis, executar um novo projeto e começar em seguida o trabalho, fresco como um jovem. Este seria o trabalho necessário, para o qual, dito de passagem, naturalmente é muito tarde, mas seria o trabalho necessário, e de modo algum realizar a escavação de um grande túnel de experiência que apenas traria em conseqüência dedicar-me com todas as energias e indefesamente à busca do perigo, na estúpida suposição de que este não soubesse aproximar-se com a pressa suficiente. E de súbito não compreendo o meu plano anterior. No que antes era lógico não encontro agora a menor lógica, outra vez abandono o trabalho e deixo de escutar. Não quero encontrar novos argumentos; fiz demasiados achados. Deixo tudo. Conformar-me-ia em acalmar a luta interior.

Outra vez deixo que me afastem as galerias, chego a outras cada vez mais afastadas, ainda não vistas depois de meu retorno, ainda não tocadas pelas minhas patas, cujo silêncio desperta com minha aproximação e desce sobre mim; eu não me entrego, sigo na carreira, sem saber na realidade que é o que procuro. Provavelmente, apenas a protelação. Afasto-me tanto que chego até o labirinto; sinto a tentação de aplicar o ouvido à capa de musgo; coisas muito distantes, muito distantes para o momento, atraem o meu interesse. Avanço até em cima e escuto. Profundo silêncio. Que agradável! Ninguém se ocupa ali em minha obra, cada qual tem seus negócios, que não têm relação comigo. Como consegui isto? Este lugar junto ao musgo é talvez o único na construção em que posso escutar em vão, durante horas. Uma completa inversão das circunstâncias: o que antes era lugar de perigo converteu-se em lugar de paz, a praça forte em troca foi precipitada no ruído do mundo e em seus perigos. E, o que é pior ainda, na realidade também não há paz; nada mudou, com silêncio ou sem ele, o perigo espera como antes acima do musgo, apenas me fiz insensível a ele, demasiado ocupado com os ruídos de minhas paredes. Estou ocupado com isso? Intensifica-se, aproxima-se; mas eu serpenteio através do labirinto, instalo-me aqui em cima sob o musgo; é quase como se já abandonasse a casa ao assobiador, conformando-me com um pouco de calma acima. O assobiador? Será que tenho uma nova opinião precisa a respeito da origem do ruído? Não proviria das cavernas que cavavam os animaizinhos? Não é essa a minha opinião precisa? Creio não me ter afastado dela. E se não em forma direta, pelo menos indiretamente provirá delas. E se não há nenhuma relação, então não se pode opinar nada concreto até encontrar a causa, ou até que ela apareça por si mesma. Poder-se-ia jogar ainda com presunções agora, poder-se-ia, por exemplo, dizer que em qualquer lugar distante se produziu um veio de água, e que o que parece cicio ou silvo é na realidade um murmúrio. Mas, sendo que nesta matéria não tenho experiência — a fonte de água que encontrei no princípio, desviei-a logo e não voltou a apresentar-se, dada a índole arenosa do solo — além disso não é possível confundir um cicio e um murmúrio. Todos os desejos de tranquilidade são inúteis, a imaginação não se detém, e aferro-me à crença — é inútil querer negar isto — de que o cicio provém de um animal, não de muitos e pequenos, mas de um só e grande. Claro que existem circunstâncias que parecem indicar o contrário. Por exemplo, a de que se ouça o ruído em todas as partes e com a mesma intensidade, tanto de dia como de noite. Certamente, teria de inclinar-me antes por muitos animais pequenos, mas não os encontrando durante minhas escavações, apenas resta a suposição da existência de um grande animal, sobretudo tendo em consideração que o que pareceria estar em contradição com esta hipótese não torna o animal impossível, mas apenas inimaginavelmente perigoso. Apenas isso resisto em admitir a sua existência. Apenas agora abandono esta sugestão. Há muito que me ronda a idéia de que é audível a grande distância porque cava freneticamente, porque avança verrumando a terra à velocidade de um caminhante que se deslocasse por uma galeria livre; a terra treme quando ele cava, também quando já se afastou; com a distância esta vibração se une com o ruído do próprio trabalho, e eu, que ouço apenas estas últimas vibrações, percebo-as uniformemente em todas as partes. Contribui para isso o fato de que o animal não avança para mim; por isso não se altera o ruído; há antes um plano cujo sentido não consigo alcançar; apenas suponho que o animal me cerca — sem que isso signifique que conheça minha existência — mais ainda, que já traçou alguns círculos ao redor da obra desde que o observo. Muito que pensar me dá a natureza do ruído, o cicio e o silvo. Quando eu escavo ou arranho a terra é completamente diverso. Apenas consigo explicar-me o cicio pensando que a ferramenta principal do animal não fossem suas garras, com as quais talvez apenas se auxilie, mas o focinho ou a tromba, os quais além de sua enorme potência hão de ter uma espécie de fio. Provavelmente encaixa a tromba na terra com um único golpe violento, arrancando um grande pedaço; durante este tempo eu não ouço nada, esse é o intervalo, mas depois absorve ar para o golpe seguinte. Essa sucção que deve produzir um ruído que faz estremecer a terra, não só pela força do animal mas ainda pela sua pressa, pela sua ânsia de trabalho, eu o percebo como um ligeiro cicio. Permanece, contudo, completamente incompreensível, sua capacidade de trabalhar interminavelmente; talvez os pequenos intervalos contenham a possibilidade de curtíssimo descanso, porque a um descanso verdadeiro não chegou nunca, cava de dia e de noite sempre com a mesma intensidade e leveza, com o projeto sempre à vista, esse projeto que precisa cumprir com urgência e para cuja execução possui todas as condições. Certamente, não havia esperado um tal inimigo. Mas à parte as suas peculiaridades, apenas se realiza agora algo que sempre eu devia temer, algo contra o qual devia estar sempre preparado: Aproxima-se alguém! Como durante tanto tempo tudo transcorreu felizmente e em silêncio? Quem guiou os caminhos dos inimigos para que descrevam os grandes arcos ao redor de minha propriedade? Por que fui protegido tanto tempo para ser espantado agora deste modo? Que eram todos os pequenos perigos em cuja imaginação e estudo passava meu tempo, ao lado deste único perigo? Esperava, como proprietário da construção, ter supremacia sobre qualquer inimigo que se apresentasse? Precisamente, como proprietário desta obra enorme e delicada, estou indefeso diante de qualquer ataque sério. A felicidade de possuí-la me amoleceu, a delicadeza da obra fez-me a mim delicado, suas lesões dóem-me como se não fossem minhas. Justamente isto é o que devi prever, não pensar apenas em minha própria defesa — e mesmo isto com que debilidade e falta de resultados o realizei! — mas na defesa da obra. Antes de tudo deviam ter sido tomadas disposições para que algumas partes da obra, e no mais possível muitas delas, quando fossem atacadas, pudessem isolar-se das menos expostas, com desmoronamentos provocáveis na hora, e constituídos de massas de terra tais, e com um isolamento tal, que o atacante nem mesmo poderia suspeitar que aí por trás estivesse a verdadeira obra. Mais ainda: estes desmoronamentos deveriam ser apropriados, não apenas para ocultar a obra, mas ainda para sepultar o atacante. Nem o menor impulso tomei para algo semelhante; nada, absolutamente nada, sucedeu neste sentido; fui inconsciente como uma criança, passei meus anos adultos em brinquedos infantis, até com a idéia dos perigos eu brinquei, fugindo de pensar realmente nos verdadeiros perigos. E não me faltavam avisos.

Certo que nada que se aproxime em importância ao de agora aconteceu; mas nas primeiras épocas da construção houve algo que se parecia a isso. A principal diferença consistia exatamente em que eram as primeiras épocas da construção... Eu então ainda trabalhava quase como um pequeno aprendiz na primeira galeria — o labirinto apenas estava projetado em linhas gerais — já havia esvaziado uma pequena praça, mas em suas dimensões e no tratamento das paredes era um fracasso; bem, tudo estava de tal modo em seus começos que apenas poderia valer como ensaio, como algo que ao primeiro arrepio da paciência, poder-se-ia abandoná-lo repentinamente sem maior desgosto. Então aconteceu que durante um dos meus descansos — sempre houve em minha vida demasiados intervalos para descansar — estando deitado entre meus montões de terra, ouve-se de repente um ruído à distância. Jovem como era, antes de me amedrontar, despertou minha curiosidade. Deixei o trabalho e me dediquei a escutar; continuamente escutava, e não corri a estender-me sob o musgo para não me privar de escutar. Pelo menos escutava. Conseguia distinguir muito bem que se tratava de um trabalho semelhante ao meu, embora imaginasse algo mais fracamente; mas não se sabia em que grau esta diferença poderia atribuir-se à distância. Estava intrigado, mas, quanto ao mais, calmo. Talvez — pensei — estou em uma construção alheia e o dono cava agora em minha direção. Se se tivesse comprovado a exatidão deste raciocínio, ter-me-ia afastado para construir em outra parte, pois nunca tive ânsias de conquista ou de ataque. Mas, certamente, eu era ainda jovem e ainda não tinha obra, podia permanecer calmo. Tampouco o posterior transcorrer dos acontecimentos me trouxe maior excitação; interpretá-los era o que não se tornava fácil. Se o que ali cavava tendia realmente para mim porque me ouvira cavar, quando mudava seu rumo — como acontecia agora realmente — não podia determinar-se se o fazia porque meu intervalo de descanso o privava de todo ponto de referência para sua marcha, ou antes porque ele mesmo mudava de propósitos. Também podia ser que eu me tivesse enganado inteiramente e que ele nunca se tivesse dirigido contra mim; o certo é que o ruído ainda aumentou por algum tempo, como se aproximasse; jovem como era, não me teria desagradado que o cavador surgisse repentinamente da terra, mas não aconteceu nada neste estilo, e a partir de determinado momento o ruído começou a enfraquecer, fez-se cada vez mais fino, como se o cavador se desviasse gradualmente de sua primitiva direção, e de súbito cessou inteiramente, como se ele tivesse optado plenamente por uma direção oposta e se afastasse decididamente. Por muito tempo continuei escutando o silêncio antes de reiniciar o trabalho. Certamente, esta advertência foi bastante clara, mas antes logo a esqueci, e apenas se traduziu em modificações de meus projetos de construção.

Entre aquela época e hoje está a minha idade adulta, mas é como se não mediasse nada, hoje como então faço grandes pausas no trabalho, e escuto junto à parede; ultimamente o cavador mudou de intenção, fez uma conversão, retorna de sua viagem, acredita que me deixou tempo suficiente para me preparar para recebê-lo. Mas de minha parte tudo está menos disposto do que antes; a própria obra está como antes sem defesa; ainda que hoje não seja um pequeno aprendiz, mas um mestre-de-obras, as energias que me restam fracassarão no momento da decisão; apesar de minha idade avançada, parece-me que desejara ser ainda mais velho, tão velho que já não pudesse erguer-me de meu leito sob o musgo. Porque na realidade não agüento mais, ergo-me e corro para baixo, para a casa, como se aqui, em vez de paz, me tivesse enchido apenas de atribulações. Como teriam ficado as coisas ultimamente? O cicio acha-se enfraquecido? Não; ganhara em forças. Escuto em dez lugares ao acaso e noto claramente o engano, o cicio permaneceu igual, nada mudou. Lá em frente não se produzem alterações, lá se está tranqüilo, por cima do tempo; aqui em troca cada instante sacode o ouvinte. E refaço o caminho até a praça forte, todo o contorno parece-me excitado, parece fitar-me, parece depois desviar a vista, para não me incomodar, e esforça-se de novo para ler em meus gestos as resoluções salvadoras. Eu movo a cabeça; ainda não as tenho. Tampouco vou à praça principal para executar algum plano ali. Passo pelo local em que desejara fazer a abertura de exploração, estudo-o novamente, teria sido um bom local, a abertura teria seguido a direção em que se encontram a maioria dos canais de ar, que me teriam facilitado o trabalho, talvez nem precisasse cavar muito fatigantemente, talvez nem mesmo fosse obrigado a cavar até a origem do ruído, talvez fosse suficiente encostar o ouvido aos canais. Mas nenhuma consideração é capaz de me animar a realizar esse trabalho. Esta abertura deve trazer-me a certeza? Cheguei a um extremo em que nem mesmo quero a certeza. Na praça forte escolho um bom pedaço de carne vermelha, sem couro, e escondo-me com ele num montão de terra; ali haverá silêncio na medida em que o silêncio é ainda possível aqui Deleito-me com a carne; lembro-me ainda alguma vez do animal desconhecido que traça seu caminho à distância, e depois penso que enquanto me seja possível devo desfrutar suculentamente de minhas provisões. Este último é provavelmente o único plano executável. Além disso, procuro decifrar o do animal. Está de viagem ou trabalha em sua própria construção? Se está de viagem talvez seja possível um entendimento com ele. Se realmente irrompesse para mim, então poderia dar-lhe um pouco de minhas provisões e ele continuaria. Sim, continuaria. Em meu montão de terra posso sonhar o que quiser, até com certos entendimentos, ainda que saiba com segurança que não são possíveis e que no mesmo instante em que nos avistemos, melhor, em que apenas nos suspeitemos próximos, sem hesitações, simultaneamente, prepararemos as garras e os dentes um contra o outro com renovada fome mesmo que estejamos fartos. E como sempre neste caso, com total direito: quem, mesmo estando de viagem, não mudaria à vista da obra seus projetos e propósitos? Mas talvez o animal cave em sua própria obra; então nem mesmo poderia sonhar com um entendimento. Mesmo que se tratasse de animal estranho e que sua obra tolerasse vizinhança, a minha não as tolera, ao menos não as de tipo audível. Agora o animal parece encontrar-se a grande distância; se se afastasse um pouco mais, também desapareceria o ruído, talvez tudo voltasse a compor-se, a ser como nos bons tempos; tudo não passaria de amarga experiência, mas benéfica; ela incitar-me-ia a fazer diversas melhorias; quando tenho paz e o perigo não constrange de modo imediato, ainda sou capaz de trabalhos consideráveis; talvez o animal renuncie, em vista das extraordinárias possibilidades que parecem inerentes a sua capacidade de trabalho, à extensão de sua obra em direção da minha e se compense disso em algum outro lado. Mas, naturalmente, isto não é conseguível por negociações, , mas apenas pela vontade do animal ou por uma coação que eu pudesse exercer. Em ambos os casos será decisivo estabelecer se o animal sabe alguma coisa de mim e o quê. Quanto mais reflito a respeito disto, afigura-se-me mais improvável que me tenha ouvido; é possível, ainda que inimaginável para mim, que tenha notícias minhas, mas com toda certeza que não me ouviu. Enquanto não soube nada dele não pôde ouvir-me absolutamente, pois eu permaneci silencioso — não há nada mais silencioso que o reencontro com a obra — depois, quando fiz as escavações de exploração, teria podido ouvir-me apesar de que minha maneira de cavar produz pouco ruído; e se me tivesse ouvido, eu teria notado algo, porque ao menos teria de interromper-se com freqüência em seu trabalho para escutar.

... Mas tudo permaneceu sem alteração...

A TOUPEIRA GIGANTE

Aqueles que — eu incluo-me entre eles — acham desagradável uma toupeira comum, provavelmente teriam morrido de repugnância se tivessem visto a toupeira gigante que há alguns anos foi observada próximo de um lugarejo que conseguiu por esse motivo passageira nomeada. Há tempo que já voltou a cair no esquecimento, participando assim da falta de glória de todo o acontecimento que, além de ficar sem explicação (já que não houve tentativa de explicá-lo, por negligência dos círculos chamados a ocupar-se do assunto, que com verdadeiro empenho se ocupam em coisas de menor importância), foi esquecido sem investigações mais precisas. O fato de encontrar-se o povoado longe da estrada de ferro não pode servir de desculpa. Muita gente vinha por curiosidade de longe, até do estrangeiro; somente aqueles que deviam demonstrar algo mais do que curiosidade, esses não vieram. Se alguma gente muito singela, gente cujo trabalho apenas lhes permitia respirar, não se tivessem ocupado do assunto, provavelmente o rumor da aparição não passaria do limite mais próximo. É preciso reconhecer que o ruído, que em outros casos se torna incontrolável, mostrou-se realmente tardio neste caso: a não tê-lo empurrado não se teria estendido. Certamente isto também não era motivo para deixar de ocupar-se do assunto; pelo contrário, este mesmo fenômeno devia também ser investigado. Em troca, o único tratamento escrito que o caso mereceu deveu-se ao mestre-escola que, embora excelente em sua profissão, carecia de condições e de preparo para fazer uma descrição minuciosa e posteriormente utilizável e muito menos ainda para dar uma explicação. O pequeno escrito foi impresso e vendido profusamente entre os visitantes do povoado e ainda despertou algum interesse, mas o mestre era bastante sensato para reconhecer que seus esforços isolados, não apoiados por ninguém, careciam de valor fundamental. Se não esmoreceu neles e fez do assunto, que por sua natureza se foi tornando de ano para ano mais desesperado, a missão de sua vida, isso demonstra por um lado a influência que podia exercer o fenômeno, e por outro a constância e a firmeza de convicções que se podem encontrar em um velho e obscuro mestre de aldeia. Mas que este sofrera pela geral indiferença, prova-o um pequeno suplemento que fez acompanhar seu escrito, embora apenas a alguns anos mais tarde, quer dizer, em uma época em que já ninguém podia lembrar-se do que se tratava. Neste apêndice se queixa, em forma convincente, não tanto pela sua habilidade como pela sua honradez, da incompreensão de certa gente de quem se devia esperar outra coisa. Diz com justeza: "Não eu, eles falam como velhos mestres de aldeia". E cita, entre outros, o dito de um sábio ao qual tinha ido visitar por sentir-se seguro em seu assunto. Não dá o nome do sábio, mas diversas circunstâncias acessórias permitem adivinhar de quem se tratava. Depois de vencer grandes dificuldades para ser apenas admitido, notou, desde as primeiras palavras, os incuráveis preconceitos do sábio com respeito à questão. A indiferença com que este acompanhou a longa informação que, escrita a mão, produziu o mestre, já surgiu do comentário que fez depois de alguns instantes de fingida meditação: "A terra é muito negra e pesada nessa zona; propicia às toupeiras o alimento especialmente substancioso e por isso alcançam tamanhos fora do comum". "Mas, não assim!" exclamou o mestre, e marcou, exagerando um pouco devido à ira, dois metros na parede. "Entretanto, pode ser", respondeu o sábio, que achou tudo muito engraçado. Com estas esperanças o mestre retornou à sua casa. Conta como sua mulher e seus filhos o esperavam sob a neve, à noite, na estrada, e como lhes comunicou seu definitivo fracasso.

Ao ler o relativo ao comportamento do sábio frente ao mestre, ainda não conhecia o escrito principal deste. Mas decidi-me a juntar imediatamente tudo quanto pudesse averiguar sobre o caso e a fazê-lo eu mesmo. Já que me era impossível meter o punho sob o nariz do sábio, meu escrito devia pelo menos defender o mestre, ou melhor dizendo, não tanto ao mestre como à boa intenção de um homem honrado, mas sem influências. Reconheço que mais tarde lamentei esta decisão, pois imediatamente percebi que sua exposição devia pôr-me em situação curiosa. Por um lado minha influência não era bastante nem para voltar em favor do mestre a opinião do sábio e menos ainda a do público, e por outro lado, devia notar o mestre que sua intenção principal, demonstrar a aparição da gigantesca toupeira, era para mim menos importante que a defesa de sua honra, que para ele em troca parecia natural e não necessitava defesa alguma. Aconteceu, portanto, que eu, que desejava aliar-me ao mestre, não encontrei compreensão de sua parte; de modo que em lugar de ajudar, precisava de um novo protetor, realmente difícil de encontrar. Além do mais, com a minha decisão, encarregava-me de um grande trabalho. Se desejava convencer, não devia apoiar-me no mestre, já que ele não o conseguira. Seu escrito apenas me teria confundido e por isso quis evitar sua leitura antes do término do meu próprio trabalho. Mais ainda: nem mesmo entrei em contato com o mestre. É verdade que ele ficou sabendo de minhas investigações por terceiras pessoas, mas não sabia se eu trabalhava em seu mesmo sentido ou contra ele. Provavelmente suspeitara êste último caso, mesmo que depois o negasse, mas tenho provas de que me interpôs diversos obstáculos. Podia fazê-lo com facilidade por estar eu obrigado a realizar de novo todas as investigações que ele já fizera, pelo que sempre se me antecipava. Era a única exprobração que se podia fazer justificadamente ao meu método, reproche inevitável por outra parte, e muito atenuado pela cautela e até abnegação de minhas conclusões finais. No demais, meu escrito estava livre de toda influência do mestre; até é provável que tenha incorrido em excesso de escrúpulos; conduzi-me quase como se ninguém tivesse investigado o caso anteriormente, como se eu fosse o primeiro a interrogar as testemunhas, oculares e de ouvido, o primeiro que ordenasse os dados e tirasse as conclusões. Quando mais tarde li o escrito do mestre — tinha um título muito inconveniente: "Uma toupeira tão grande como ainda ninguém viu" — achei que, efetivamente, não coincidíamos em pontos essenciais, embora ambos acreditássemos provar o principal, quer dizer, a existência da toupeira. De qualquer modo estas discrepâncias parciais impediram o estabelecimento de uma relação amistosa entre nós, que eu esperara apesar de tudo. Inclusive provocou certa hostilidade. Na verdade, sempre se manteve modesto e submisso diante de mim, mas pude notar claramente seus verdadeiros sentimentos. Era de opinião que eu prejudicara a causa e que minha crença de tê-lo beneficiado ou poder beneficiá-lo podia atribuir-se, no melhor dos casos, à minha ingenuidade, porém mais provavelmente à minha falsidade e desejo de suplantá-lo. Antes de tudo, fez-me notar várias vezes que seus anteriores adversários nem mesmo haviam manifestado suas observações, ou pelo menos apenas o tinham feito diante dele, e sempre tão-só em forma verbal, enquanto que eu logo me senti obrigado a fazer imprimir as minhas. Por outra parte, os poucos que se tinham ocupado do assunto, embora superficialmente, ouviram a sua opinião, a do mestre, quer dizer, a decisiva no assunto, antes de se manifestarem por si mesmos, enquanto que eu me havia apressado a tirar conclusões de dados recompilados de forma não sistemática e em parte mal compreendidos, conclusões que ainda que fossem exatas no fundamental deviam parecer inverossímeis, tanto ao grosso do público como às pessoas ilustradas, e a mais leve sombra de inverossimilhança era o pior que podia acontecer.

A estas exprobrações, embora veladas, eu poderia responder com facilidade — assim, por exemplo, precisamente seu escrito era o cúmulo do inverossímil —; porém mais difícil era lutar contra suas restantes suspeitas e esse era o motivo pelo qual eu mantinha frente a ele uma atitude de reserva. Ele acreditava, no íntimo, que eu pretendia despojá-lo de sua fama de precursor, quando na realidade não havia tal fama, a não ser certa reputação de ridículo, e mesmo esta limitada a círculos cada vez mais restritos, e que eu não lhe invejava absolutamente. Além disso declarara na introdução de meu escrito que o mestre devia considerar-se em qualquer tempo como o descobridor da toupeira — na realidade nem mesmo era o descobridor — e que apenas a minha solidariedade com o destino do mestre me levara a redigi-lo. "O objetivo desta produção — terminei em forma um tanto patética, porém em consonância com minha excitação de então — é contribuir para que o escrito do mestre encontre a merecida difusão. Se isto for conseguido, desejo que o meu nome, que de modo acidental e superficial se misturou neste assunto, seja dele eliminado". Recusei portanto qualquer participação mais intensa; era quase como se tivesse previsto as suas exprobrações. Precisamente nesta passagem encontrou pretexto contra mim, e não nego que o que dizia ou insinuava continha uma como espécie de justificação, e na realidade muitas vezes me chamava a atenção que em alguns aspectos demonstrara junto a mim maior perspicácia do que em seu próprio escrito. Afirmava, por exemplo, que minha introdução tinha duplo sentido. Se realmente apenas me guiava o interesse de difundir o seu trabalho, por que não assinalava então os seus méritos e sua irrefutabilidade, por que não me limitava a destacar a importância do descobrimento e a torná-lo compreensível, por que me introduzia, em troca, deixando de lado o escrito, no primeiro plano do próprio descobrimento? Já não estava feito? Ficava alguma coisa por fazer nesse sentido? Mas se realmente me acreditava obrigado a fazer de novo o descobrimento, por que me desligava tão solenemente dele na introdução? Poderia ser falsa modéstia, mas era algo pior. Eu desmerecia o descobrimento, atraía a atenção sobre o mesmo apenas para desmerecê-lo, enquanto ele havia investigado o assunto deixando-o depois de lado. Produzira-se um relativo silêncio ao redor da questão e agora eu voltava a pôr medo, tornando a situação mais difícil do que nunca. Por que, que significava para ele a defesa de sua honradez? Apenas o assunto, o assunto lhe importava. Mas isto era o que eu havia atraiçoado; não o compreendia, nem apreciava devidamente, porque não tinha senso para isso. Excedia enormemente a minha capacidade. Sentado à minha frente olhava-me tranqüilamente com seu velho rosto sulcado de rugas. Essa era a sua opinião. Além disso, não era completamente exato que apenas lhe importara o assunto em si, era ambicioso e queria ganhar dinheiro, o que se considerarmos quão numerosa era sua família era compreensível. Apesar disso, meu interesse pelo assunto parecia-lhe comparativamente tão reduzido que se julgava autorizado a apresentar-se como modelo de desinteresse sem incorrer em demasiada inexatidão. Na realidade não era suficiente para me tranqüilizar que me dissesse que as reprovações deste homem deviam-se a que sujeitava a toupeira com ambas as mãos e que alcunhava de traidor a qualquer um que se lhe aproximasse um dedo. Mas não era assim; sua conduta não podia explicar-se por avareza ou ao menos não tão-só por avareza; antes devia atribuir-se à excitação provocada por seus muitos esforços e à completa inutilidade dos mesmos. Contudo, nem mesmo a excitação explicava tudo. Talvez o meu interesse no assunto fosse verdadeiramente muito pequeno. O mestre estava acostumado à indiferença dos estranhos; continuava mortificando-o em geral, mas já não nos casos particulares. E quando por fim aparecera uma pessoa que se ocupava do assunto de maneira extraordinária, ela também não o compreendia. Uma vez impelido nesta direção, não quis negar nada. Não sou zoólogo; talvez a ser eu o descobridor ter-me-ia entusiasmado com o assunto até o fundo do coração, mas eu não o fizera. Uma toupeira gigante é certamente uma curiosidade, mas não é possível reclamar para ela a permanente atenção de todo o mundo, sobretudo levando em conta que nem mesmo a existência da toupeira mesma estava comprovada de maneira inteiramente incontestável e que, sobretudo, não podia ser exibida. Reconheço, contudo, que se eu mesmo tivesse sido o autor do descobrimento, não me teria empenhado tanto por causa da toupeira como o fazia agora com gosto e livremente pelo próprio mestre.

Talvez as diferenças com o mestre tivessem desaparecido por si mesmas, se meu escrito alcançasse êxito. Mas exatamente este sucesso não se produziu. Talvez fosse fraco, não totalmente convincente; eu sou comerciante e é provável que a preparação de um escrito de tal natureza escape à minha competência de modo ainda mais notável do que à do mestre, embora em geral eu o superasse com muito em todos os conhecimentos necessários. É possível que houvesse também outra explicação para o fracasso; o momento da aparição poderia ter sido inoportuno. Por um lado o descobrimento de uma toupeira, que não pudera difundir-se, não era tão antigo para que estivesse esquecido completamente, razão pela qual meu escrito já não podia provocar surpresa, e por outro, havia transcorrido tempo suficiente para que o escasso interesse despertado a princípio tivesse desaparecido por completo. Os poucos que se ocuparam com o meu escrito diziam seguramente com a mesma indiferença com que anos antes se tinham inteirado do assunto, que agora recomeçavam os inúteis esforços em prol dessa causa estéril, e chegou-se a confundir o meu escrito com o do mestre. Em uma importante revista de agricultura encontrei a seguinte observação, felizmente apenas em tipo muito pequeno e inserida no final: "Novamente foi-nos enviado o folheto sobre a toupeira gigante. Recordamos ter-nos rido sinceramente dele há anos. Entretanto, nem o escrito ganhou em sensatez nem nós em estupidez. Lamentamos apenas não poder rir-nos pela segunda vez. Em troca, parece-nos oportuno perguntar às Associações de Mestres se um mestre de aldeia não poderia encontrar tarefa mais útil do que lançar-se à perseguição de toupeiras gigantes". Uma confusão lamentável. Não tinham lido nem o primeiro escrito nem o segundo, e as duas pobres palavras apanhadas ao acaso, toupeira gigante e mestre de aldeia, bastavam já a estes senhores para apresentar-se como defensores dos interesses consagrados. Talvez pudesse tentar alguma coisa com bom êxito contra tais procedimentos, mas o limitado contato que tinha com o mestre fez com que me abstivesse. Procurei antes ocultar-lhe a revista enquanto me foi possível. Mas descobriu-a bem depressa; notei-o já por uma carta em que me anunciava a sua visita para os feriados de Natal. Dizia: "O mundo é perverso e ainda por cima se lhe ajuda", com o que desejava dizer que eu fazia parte do mundo perverso, que não me satisfazia a sua própria maldade, mas ainda cooperava com ela, estimulando-a de forma ativa e contribuindo para assegurar seu triunfo. Bem; eu tomara as decisões necessárias, podia esperá-lo com toda a calma, olhar tranqüilamente como chegava, saudava de modo menos amável que de outras vezes, sentava-se em silêncio e tirava cuidadosamente a revista do bolso interior de seu capote curiosamente forrado e como, depois de folheá-la, empurrava-a para mim. "Conheço-a", disse, e tornei a empurrar a revista para ele sem lê-la. "Você a conhece", disse suspirando. Tinha o velho costume dos mestres de repetir respostas alheias. "Naturalmente, não aceitarei isto sem me defender", prosseguiu. Tocou a revista nervosamente, com um só dedo, enquanto me atirava um olhar cortante, como se eu opinasse o contrário; parecia suspeitar o que eu iria dizer; já em outras ocasiões havia notado, não tanto por suas palavras como por outros sinais, sua perspicácia para adivinhar as minhas intenções, embora depois não cedesse a seu impulso e se deixasse desviar. Posso repetir quase textualmente o que lhe disse nessa oportunidade, já que o anotei imediatamente depois da entrevista. "Fazei o que quiserdes", lhe disse, "nossos caminhos desde hoje se separam. Esta crítica da revista não é o motivo de minha decisão, porém a consolida; o verdadeiro motivo está em que em princípio julguei poder beneficiar-vos com minha intervenção, enquanto agora comprovo que vos prejudiquei em todo sentido. Por que? Não o sei; as causas do êxito e do fracasso são sempre muito complexas; não procureis apenas os indivíduos que falam contra mim, pensai também em vós. Vós também tínheis as melhores intenções e também fracassastes, se considerarmos tudo em conjunto. Não o digo em brincadeira: também a mim me prejudica confessar que vossa aliança comigo deve ser lamentavelmente contada entre os vossos fracassos. Que me retire nesta hora não deve ser interpretado nem como covardia nem como traição. Não faço sem pesar; a consideração que vos tenho está registrada já em meu escrito; em certo sentido vos convertestes em meu mestre e até sinto carinho pela toupeira. Contudo, afasto-me. Vós sois o descobridor e de qualquer forma que eu proceda sempre impedirei que a fama vos alcance; em troca, atraio os fracassos e os dirijo para vossa pessoa. Pelo menos, essa é a vossa opinião. A única expiação ao meu alcance é pedir-vos escusas e que, se o desejais, repita publicamente a minha confissão, por exemplo nesta mesma revista".

Tais foram então as minhas palavras; não eram inteiramente sinceras, mas o que havia de realmente sincero nelas facilmente se percebia. Minha explicação produziu nele o efeito que eu esperava aproximadamente. A maioria das pessoas de idade costumam ter algo falaz em seu comportamento frente aos mais jovens; segue-se mantendo relação com elas, crê-se consolidada a situação, obtem-se constante confirmação do caráter pacífico destas relações, e, de súbito, quando sucede algo decisivo e deve reinar a paz durante tanto tempo preparada, erguem-se essas pessoas de idade como se fossem estranhos e apenas então fica-se inteirado de que têm convicções mais íntimas, mais antigas, que realmente apenas agora desfraldam sua bandeira em que se lê com espanto o novo lema. Este espanto provém de que o que os velhos dizem agora está muito mais justificado, é algo mais cheio de sentido e — se houvesse superlativo para a evidência — mais evidente do que a própria evidência. O insuperavelmente falaz está contudo em que o que dizem agora é o mesmo que sempre disseram. Como devo ter-me compenetrado da índole deste mestre-escola, para que agora não me causasse surpresa! "Filho!", disse, colocou sua mão sobre a minha e a roçou amistosamente, "como vos ocorreu meter-vos neste assunto? Quanto me foi dado saber falei com minha mulher". Afastou a cadeira da mesa, abriu os braços e olhou o chão como se lá embaixo, minúscula, estivesse sua mulher e ele falasse com ela. "Durante tantos anos", lhe disse "lutamos sozinhos. Mas agora, na cidade, parece interceder em nosso favor um elevado protetor, um comerciante de nome tal. Já podemos alegrar-nos. Um comerciante da cidade significa bastante: se um camponês esfarrapado acredita e assim o testemunha, em nada nos beneficia porque o que um camponês faz é sempre inconveniente. Que diga que o velho mestre tem razão ou que cuspa de modo inconveniente, o efeito é o mesmo. E se em lugar de um se levantam dez mil camponeses, provavelmente o efeito seja ainda pior. Um comerciante da cidade em troca é outra coisa, um homem assim tem vinculações, até aquilo que diz superficialmente se propaga em círculos cada vez mais amplos, surgem novos partidários do assunto e um deles diz por exemplo: "também dos mestres de aldeia temos algo que aprender', e ao dia seguinte já o sussurra uma quantidade de gente da qual, a julgar pelo seu exterior, ninguém o esperaria. Aparece dinheiro para a causa, um faz a coleta e os outros contribuem; opina-se que o mestre de aldeia deve ser tirado de seu canto; vêm, preocupam-se com a sua aparência, levam-no, e como a mulher e o filho vivem nele e por ele, levam-nos também. Observaste alguma vez a gente da cidade? É um gorjeio interminável. Se se reúne uma fila deles, o gorjeio vai da direita à esquerda e de volta e para cima e para baixo. E assim gorjeando levam-nos ao carro sem que tenhamos tempo sequer de saudar a todos com a cabeça. O cavaleiro da boléia ajeita suas lentes, e revoluteia o látego e estamos em viagem. Todos despedem-se do povo agitando as mãos como se ainda estivéssemos ali e não sentados entre eles. Da cidade saem-nos ao encontro os mais impacientes. Conforme nos aproximamos levantam-se de seus assentos e se espicham para ver-nos. Aquele que angariou o dinheiro dirige tudo e pede calma. Quando entramos na cidade já é comprida a fila de carruagens. Julgamos que as boas-vindas já tenham terminado, mas na realidade apenas começam frente ao hotel. É que na cidade qualquer comício congrega muita gente. O que preocupa a um, logo preocupa a todos. Com o alento tiram-se a uns e outros as opiniões e tornam-nas próprias. Nem toda esta gente pode viajar em carruagem, esperam frente ao hotel; outros poderiam viajar, certamente, mas abstêm-se por orgulho. Estes também esperam. É inexplicável como o que coletou o dinheiro mantém a visão de conjunto".

Escutara-o com calma; na realidade à medida que falava me acalmava mais e mais. Sobre a mesa tinha amontoados todos os exemplares de meu escrito que ainda possuía. Faltavam apenas muito poucos, pois ultimamente, por meio de uma circular, reclamara a devolução de todos os exemplares enviados. Quase todos me foram devolvidos. Recebi, além disso, muitas cartas em que se informava muito amavelmente que ninguém recordava haver recebido tal escrito e que se efetivamente tivesse chegado, lamentavelmente se perdera. Isso me bastava também; no íntimo não desejava outra coisa. Apenas um me pediu que lhe permitisse guardar o exemplar como raridade e se comprometia de acordo com o sentido de minha circular a não mostrá-lo a ninguém durante os próximos vinte anos. Esta circular o mestre ainda não tinha visto. Alegrou-me que suas palavras me tornassem mais fácil mostrá-la. De qualquer modo podia fazê-lo confiantemente, já que a havia redigido cuidadosamente, sem perder de vista em momento algum as conveniências do mestre e de seu assunto. As frases principais rezavam: "Não peço a devolução do escrito por ter-me afastado das opiniões sustentadas nele ou porque as considere parcialmente errôneas ou indemonstráveis. Meu pedido baseia-se em razões, embora pessoais, muito constrangedoras; minha posição em face do assunto não admite dúvidas. Rogo que se tenha isto sempre presente e se alguém o deseja pode divulgar-se".

No momento conservei a circular coberta com as mãos e disse:

— Quereis fazer-me exprobrações porque não aconteceu assim? Por quê? Não tornemos amarga a separação. E procurai reconhecer por fim que se fizestes uma descoberta esta não é mais importante que tudo o mais e que, portanto, tampouco a injustiça que se faz a vós é o mais importante do mundo. Não conheço os estatutos das associações científicas, mas não acredito que nem em caso mais favorável se teria preparado para vós uma recepção nem sequer aproximada daquela que descrevestes a vossa pobre mulher. Se bem que eu mesmo acreditei que o escrito tivesse repercussão, pensei apenas que provavelmente algum professor podia reparar em nosso caso, que comissionasse algum jovem estudante para que o analisasse, que esse estudante vos visitasse e comprovasse novamente vossas investigações e as minhas e que, por fim, se o resultado lhe parecesse digno de registo — aqui é preciso sublinhar que todos os estudantes estão cheios de dúvidas — editasse um folheto fundamentando cientificamente o que vós descrevestes. Contudo, ainda que se cumprissem estas esperanças, não se teria alcançado muito. O escrito que defendesse um caso tão singular provavelmente também seria objeto de brincadeiras. Vós mesmos vêdes, pelo exemplo da revista de agricultura, quão fácil é isto de acontecer e nesse sentido as revistas científicas são ainda mais intolerantes. E é compreensível; a responsabilidade dos professores diante de si próprios, diante da ciência e da posteridade, é enorme; não podem atirar-se cegamente nos braços de qualquer descoberta. Nós estamos em vantagem diante deles. Mas quero deixar de lado isto e supor que o escrito do estudante tivesse aceitação. Que aconteceria nesse caso? Certamente, vosso nome seria mencionado com honras, também é provável que vossa posição se beneficiasse; dir-se-ia: "Nossos mestres de aldeia têm os olhos abertos", e se as revistas tivessem memória ou consciência, esta teria de retratar-se publicamente; provavelmente aparecesse também um professor favoravelmente disposto que propusesse uma beca para vós, e mesmo é verdadeiramente possível que se tentasse atrair-vos para a cidade, conseguindo-vos um posto em uma de suas escolas e dando-vos oportunidade de aproveitar para vosso ulterior aperfeiçoamento as vantagens de caráter científico que a cidade oferece. Mas, para ser franco, devo dizer que apenas se tentaria. Se vos tivesse chamado, teríeis vindo, mas como um pretendente comum, como existem às centenas, sem recepção solene. Se tivesse conversado conosco, ter-se-ia reconhecido a tenacidade e a honradez de vosso esforço, mas ao mesmo tempo se teria visto que éreis um velho, que nessa idade a iniciação de uma carreira científica carece de perspectivas e que sobretudo teríeis chegado à vossa descoberta mais por casualidade do que por pesquisa sistemática e que fora deste caso isolado nem mesmo pensais continuar trabalhando. Por estas razões é quase certo que vos tivessem deixado no povoado. Em vossa descoberta, é verdade, ter-se-ia prosseguido trabalhando; não é tão insignificante para que uma vez conhecida fosse esquecida. Mas vós apenas vos inteiraria, e se realmente vos inteirais de alguma coisa, apenas então teríeis compreendido. Cada descoberta é imersa muito depressa na generalidade da ciência e com isso deixa em certa forma de ser descoberta; dissolve-se no conjunto e desaparece; é preciso que se tenha uma vista cientificamente educada, para reconhecê-la entretanto. É ligada imediatamente a princípios de cuja existência nem sequer tínhamos notícia e na ulterior discussão científica é levantada até as nuvens. Como podemos compreender isso? Se escutássemos uma discussão científica acreditaríamos que se tratasse da descoberta, por exemplo, mas já se trata de coisas completamente diferentes, e em outras ocasiões acreditaríamos tratar-se de outras coisas e não da descoberta, e então precisamente trata-se dela.

"Compreendeis? Teríeis permanecido no povoado; com o dinheiro recebido poderíeis talvez alimentar e vestir um pouco melhor a vossa família, mas vossa descoberta teria sido subtraída a vós, sem que pudésseis defender-vos justificadamente, posto que somente na cidade recebeu real importância. E isto, sem ingratidão para vós; no lugar onde fizestes a descoberta talvez se erguesse um pequeno museu que se converteria em curiosidade do povoado, vós seríeis o porteiro, e para que não faltassem tampouco distintivos de honra ser-vos-ia conferida uma medalhinha para levar ao peito, como as que usam as ordenanças dos institutos científicos. Tudo isso é possível, mas era isso que desejáveis?"

Sem responder a minha pergunta, observou atiladamente:

— E era isso o que pretendias para mim?

— Talvez — disse — então não refleti tanto como para responder-vos agora com segurança. Quis ajudar-vos, mas fracassei; talvez é o maior fracasso que tenha jamais tido em minha vida. Por isso agora desejo retirar-me e voltar atrás no caminho percorrido na medida de minhas forças.

— Muito bem — disse o mestre. Tirou seu cachimbo e começou a carregá-lo com tabaco que levava solto em todos os bolsos. — Ocupastes-vos voluntariamente deste ingrato as-

sunto e agora também voluntariamente vos retirais. Tudo está muito bem.
— Não sou cabeçudo — disse. — Achais o que objetar em minha proposição?
— Nada, nada em absoluto — disse o mestre de aldeia, e seu cachimbo já deitava fumaça.

Eu não podia suportar o cheiro de seu tabaco e por isso me levantei e comecei a passear pela sala. Estava acostumado, por entrevistas anteriores, a que ele se mostrasse silencioso diante de mim, mas uma vez instalado não se queria mover de meu quarto. Chocara-me por diversas vezes. Quer alguma coisa mais de mim, costumava pensar, e oferecia-lhe dinheiro, que indefectivelmente aceitava. Mas apenas partia quando bem entendia. Geralmente, então, terminara de fumar seu cachimbo, girava em torno da poltrona, que achegava depois prolixa e respeitosamente à mesa, apanhava o seu nodoso bastão que deixara em um canto, apertava-me fervorosamente a mão e partia. Mas hoje não se erguia; sua silenciosa permanência chegou a tornar-se realmente aborrecida. Quando se oferece a alguém a despedida definitiva, como eu o fizera, e se o outro achou correto, então se deve resolver rapidamente as questões pendentes e não continuar importunando com a muda presença. Olhando o velho por detrás, miúdo e obstinado, sentado à minha mesa, podia-se acreditar que já não seria possível tirá-lo em absoluto da sala.

INVESTIGAÇÕES DE UM CACHORRO

Como mudou a minha vida, sem mudar em sua essência! Se recuo em pensamento e evoco os tempos em que ainda vivia em meio da cachorrada, tomando parte em tudo que diz respeito aos cachorros, um cachorro entre cachorros, descubro, se me fixo mais detidamente, que sempre houve alguma coisa que andava mal, que existia uma pequena greta e que um ligeiro mal-estar me acometia no decorrer dos mais solenes atos públicos; às vezes também nos círculos privados; não, não às vezes, porém muito freqüentemente, a simples vista de um dos meus semelhantes caninos, visto sob um ângulo inesperado, me turvava, me assustava, deixando-me indefeso e desesperado. Procurei tranqüilizar-me; alguns amigos aos quais confessei isto me ajudaram; depois vieram épocas mais calmas, nas quais se bem não faltassem aquelas surpresas, tomava-as com equanimidade e do modo como vinham incorporava-as à existência; talvez entristecessem e cansavam, mas no restante me deixavam subsistir, um pouco retraído, temeroso, calculador, sim, mas, em resumo, ainda um cachorro completo. Como pudera atingir sem esses períodos de descanso a idade que hoje gozo?; como teria podido lutar e abrir caminho para a serenidade de onde contemplo os terrores de minha juventude e os terrores da velhice; como teria podido chegar a tirar conclusões de minha — como o reconheço — desgraçada, ou para exprimi-lo mais cautelosamente, não muito feliz disposição e viver conforme com elas? Retirado, solitário, ocupado em investigações sem esperanças, ainda que para mim indispensáveis, assim vivo, mas sem perder de vista o meu povo. Com freqüência chegam-me notícias e às vezes também dou algum sinal de vida. Se me trata com consideração, sem compreender minha índole, mas sem levá-la a mal, e inclusive os cachorros jovens que vejo cruzar algumas vezes ao longe, uma nova geração, de cuja infância me recordo obscuramente, não me recusam seu respeitoso cumprimento.

Não se deve perder de vista que apesar de minha solidão, evidente como a luz do dia, continuo pertencendo à espécie. É verdadeiramente curioso — penso, e para fazê-lo tenho tempo, vontade e disposição — o que se passa com a espécie canina. Além de nós, os cachorros, existem muitas espécies de animais: pobres seres minúsculos, quase mudos, apenas capazes de dar alguns gritos; muitos entre nós, os cachorros, estudam-nos, lhes deram nome, procuram ajudá-los, educá-los, enobrecê-los, etc. A mim, são-me indiferentes; basta que não me aborreçam; confundo-os uns com os outros, olho por cima deles. Há contudo algo notável, e é a pouca solidariedade que reina entre eles, se os compararmos conosco, a indiferença e até a hostilidade com que se tratam, ao extremo de que apenas os mais grosseiros interêsses parecem ligá-los; e mesmo estes interêsses originam a miúdo ódios e brigas. Nós, os cachorros, em troca!... Pode dizer-se que vivemos todos em bando, por mais que nos diferenciem os caracteres adquiridos através do tempo. Todos em bando! Esse é o impulso e ninguém pode refreá-lo; todas as nossas instituições, as poucas que ainda conheço e as inumeráveis que esqueci, tendem a satisfazer o anelo para a suprema felicidade de que somos capazes: uma cálida convivência. E agora a outra face do assunto: entendo que nenhum ser tão amplamente espalhado como o cachorro; em nenhum se manifestam tantas diferenças na realidade inabarcáveis, por razão de classe, tipo, trabalho; nós, que desejamos permanecer unidos — e sempre e apesar de tudo o conseguimos em momentos extraordinários — precisamente nós, vivemos separados desempenhando ofícios estranhos, desconhecidos até para os congêneres mais imediatos, sujeitos a prescrições que não são as da cachorrada, que antes estão orientadas contra ela. Estas são questões tão complexas, questões que, pelo geral, prefere-se ignorar — compreendo também este ponto de vista, até o compreendo melhor do que o meu — e às quais entretanto me entreguei inteiramente. Por que não faço como os demais, por que não vivo em harmonia com o meu povo, sem dar importância ao que perturba exatamente esta harmonia, considerando-o mera falha no grande balanço; por que não me oriento para o que une na felicidade, não ao que naturalmente — sempre também de forma irresistível — nos arranca do círculo de nosso povo?

Recordo um acontecimento de meus primeiros anos. Experimentava a feliz e inexplicável excitação que sem dúvida todos experimentam em sua infância; eu era um cachorro muito jovem; tudo me agradava, tudo se relacionava a mim; acreditava que grandes coisas aconteciam ao meu redor porque eu era seu motor, e que devia conferir-lhe minha voz, coisas que permaneceriam miseravelmente em terra se eu não me afobava e corria e balançava meu corpo por elas; em suma, fantasias da infância que com os anos desaparecem. Mas naquela época eram poderosas, subjugavam-me e, efetivamente, aconteceu algo extraordinário que parecia justificar minhas caóticas esperanças. Em si não era tão extraordinário — mais tarde vi muitas coisas semelhantes e mais estranhas ainda — mas aquilo me tocou com a força da primeira impressão, inapagável e orientadora. Tropecei com um grupinho de cachorros, ou melhor, não tropecei com ele, porque vieram ao meu encontro. Caminhara longamente na obscuridade, com o pressentimento de que se iam realizar grandes acontecimentos — pressentimento que, por ser constante, induzia-me facilmente a erro — caminhara muito pela obscuridade, sem rumo, cego e surdo para tudo, impelido apenas pelo meu impreciso desejo; detive-me com a repentina sensação de ter chegado ao bom lugar; ergui a vista e vi que era de dia, um dia muito luminoso, com alguma coisa de bruma, todo cheio de misturadas e nauseantes ondas de perfumes; saudei a manhã com turbulentas vozes e então, como se os tivesse chamado, sete cachorros surgiram da obscuridade e apresentaram-se à luz, fazendo um ruído espantoso, como jamais ouvira. Se não tivesse visto com clareza que se tratava de cachorros e que eles faziam o ruído, embora não pudesse precisar como o faziam, teria fugido. Fiquei, portanto.

181

Então não sabia quase nada do dom criativo musical conferido exclusivamente aos cachorros; tinha fugido ao meu poder de observação, que se achava em lento desenvolvimento; talvez porque a música me rodeava desde a amamentação como elemento vital comum, indispensável, que nada me obrigava a diferençar da própria vida; apenas com indicações adaptadas à mentalidade infantil tinha-se procurado indicá-la a mim; tanto mais surpreendentes, quase esmagadores, foram para mim aqueles grandes artistas. Não falavam, não cantavam, antes calavam com obstinação; mas como por magia, extraíam música do espaço vazio. Tudo era música, as subidas e descidas das patas, certos movimentos das cabeças, o andar e o repouso, suas posições relativas, as uniões como de contradança, que se produziam quando, por exemplo, cada qual firmava as patas dianteiras no lombo do precedente de modo que o primeiro sustentava, erguido, o peso dos demais, ou quando formavam entrelaçadas figuras com os corpos que se arrastavam próximo do solo, sem jamais se enganarem. Mesmo o último, ainda um pouco inseguro, que não encontrava imediatamente a união com os outros e que de certo modo vacilava ao iniciar-se a melodia, era apenas inseguro comparado com a magnífica segurança dos outros; e ainda que o fosse inteiramente, não teria podido deitar a perder nada porque os outros, grandes mestres, mantinham irrepreensivelmente o compasso. Mas se apenas eram vistos! Tinham-se adiantado, saudara-os já interiormente como a cachorros apesar da confusão criada pelo estrondo que os seguia; sim, eram cachorros, cachorros como tu e eu, desejava-se aproximar-se deles, trocar saudações, estavam muito próximos, eram cachorros certamente muito mais velhos do que eu e não de minha espécie peluda, mas também não eram muito diferentes em tamanho e aspecto; ao contrário, pareciam muito familiares; eu conhecia a muitos dessa espécie ou de outra parecida; mas enquanto se estava entretido em tais reflexões, a música começava a predominar; pegavam-no materialmente, afastavam-no destes pequenos cães reais, e apesar de se resistir com todas as forças, latindo como se estivessem ferindo, não se permitia já ocupar-se de outra coisa que da música que vinha de todas as partes, de cima, de baixo, arrastando o ouvinte, sepultando e esmagando-o; que ao aniquilar estava tão próxima que imediatamente parecia muito distante, soprando trombetas apenas audíveis. E outra vez erase despedido porque já estava demasiadamente esgotado, aniquilado, muito fraco para continuar escutando; era despedido e via os sete pequenos cães realizar suas evoluções, executar seus saltos; queria-se, apesar de seu aspecto inabordável, chamá-los, perguntar-lhes, averiguar que faziam aqui — eu era uma criatura e me julgava autorizado a fazer perguntas a todo o mundo —, porém apenas começava, apenas sentia o fluído da boa, cálida comunicação com os sete, quando a música voltava, tirava-me o sentido, fazia-me girar em círculos, como se eu mesmo fosse um dos músicos, quando era apenas uma de suas vítimas, e me atirava de um lado para o outro, por mais que implorasse clemência. Por fim sua própria violência me salvou, apertando-me em um emaranhado de madeiras que até então não havia percebido. Ao abraçar-me firmemente e baixar-me a cabeça me dava ao menos a possibilidade de resfolegar, embora no exterior continuasse soando a música. Verdadeiramente, mais que a arte dos sete cachorros — incompreensível para mim, porque ultrapassava excessivamente minhas faculdades de compreensão — maravilhava-me sua coragem de expor-se total e abertamente ao resultado de sua própria arte e de suportá-la, embora fosse além de suas forças, sem que se lhes quebrasse a espinha. Certamente que eu comprovava agora do meu esconderijo, olhando melhor, que não trabalhavam com tanta calma, porém com extremo esforço; estas patas movidas aparentemente com tal segurança, tremiam a cada passo em intermináveis palpitações; rígidos, como desesperados, olhavam-se uns aos outros, e a língua, quase sempre dominada, tornava também de quando em quando, a pender lânguida. E não podia dizer-se que os excitara assim o medo do fracasso; os que tanto arriscavam, os que conseguiam tanto, não podiam já ter medo. Medo de quê? Quem os obrigava a realizar o que aqui cumpriam? E já não pude conter-me, sobretudo porque agora me pareciam necessitados de ajuda, e gritei as minhas perguntas através do ruído, alta e imperiosamente. Mas eles — incompreensível! incompreensível! — não responderam, comportaram-se como se eu não existisse. Cachorros que nem mesmo respondem a um chamado de cachorro, uma falta contra os bons costumes que não se perdoa, em nenhuma circunstância, nem ao maior nem ao menor dos cachorros! E se não fossem cachorros? Mas como podiam não ser cachorros se agora ouvia, ao escutar melhor, as suaves vozes com que se açulavam uns aos outros, faziam-se notar certas dificuldades, percebiam certos erros; até via ao último cachorro, ao menor deles, ao que estavam destinadas a maior parte das advertências, piscar para mim com freqüência, como se tivesse vontade de responder-me, mas dominando-se por que não podia ser. Mas, por que não podia ser, por que o que nossas leis exigem sempre incondicionalmente não podia ser neste caso? Isto me causava indignação, quase até a esquecer a música. Estes cachorros violavam a lei. Embora fossem grandes mágicos a lei era válida também para eles, isso eu o compreendia muito bem embora fosse uma criança. E notei ainda mais. Na realidade tinham motivo para calar, supondo-se que se calavam por sentimento de culpa. Por que, como se portavam? A música impedira notá-lo; os muito infelizes, pondo de parte toda vergonha, faziam o mais ridículo e o mais indecente: caminhavam erguidos sobre as patas traseiras. Horror! Desnudavam-se e levavam desaforadamente à vista a sua nudez; alegravam-se com isso, e se em algum momento obedeciam ao são instinto e baixavam as mãos pareciam assustar-se, como se fosse um erro, como se a natureza fosse um erro, e tornavam a erguê-las em seguida; seus olhares pareciam pedir desculpas por terem interrompido momentaneamente suas práticas pecaminosas. Estava o mundo transtornado? Onde me encontrava? Que acontecera? Então já não pude hesitar, a própria existência estava em jogo; livrei-me das madeiras que me prendiam, adiantei-me de um salto, queria chegar até os cachorros; de pequeno discípulo devia converter-me em mestre, fazê-los compreender o que faziam, evitar que caíssem em ulteriores pecados. "Cachorros tão velhos, cachorros tão velhos", repetia-me. Mas apenas estive livre — apenas dois, três saltos, separavam-me deles — o ruído tornou a apossar-se de mim. Talvez, como agora já o conhecia, embora fosse espantoso, teria podido opor-lhe resistência; lutar contra ele, se através de toda a plenitude sonora não se tivesse mantido um som claro, severo, sempre igual a si mesmo, como se chegasse invariavelmente de grande distância e parecesse constituir a verdadeira melodia em meio do ruído. Obrigou-me a cair de joelhos. Que enganadora era a música destes cachorros! Não conseguia avançar, já não queria educá-los; que continuassem esparrelando-se, que continuassem cometendo pecados e induzindo outros ao silencioso pecado de contemplar; eu era um cachorro muito pequeno; como se poderia esperar de mim cometimento tão elevado? Apequenei-me ainda mais, choramingando, e se os cachorros me tivessem perguntado minha opinião talvez lhes tivesse dado razão. Felizmente, não tardaram em ir-se, com todo seu ruído e toda sua luz desapareceram na obscuridade de onde tinham vindo.

Como disse, neste acontecimento nada havia de extraordinário; no decorrer de uma longa vida vêem-se muitas coisas que, tomadas isoladamente e olhadas com olhos infantis, seriam ainda mais extraordinárias. Além do mais, o caso podia ser apresentado sob outra forma, como tudo o mais. Porque podia-se argumentar, definitivamente, que sete músicos se reuniram para fazer música no silêncio da manhã; um cachorrinho tinha-se extraviado até chegar a eles, um ouvinte molesto, ao qual em vão tinham tentado afugentar com música terrível ou sublime. Importunava-os com perguntas, deviam eles já aborrecidos pela sua simples presença, agravar o incômodo e aumentá-lo respondendo? E ainda que a lei ordene responder a todo mundo, era na realidade alguém esse cachorrinho insignificante chegado de alguma parte? Talvez nem mesmo o compreendessem, pois ladrava suas perguntas em forma quase ininteligível. Ou talvez o compreendessem e, sobrepondo-se, lhe respondiam, mas ele, o pequeno, não acostumado à música, não sabia separar esta do ruído. E no que diz respeito às patas traseiras, é provável, sim, que tenham caminhado excepcionalmente sobre elas; é um pecado, sim, mas estavam sós, eram amigos entre amigos, em uma reunião íntima, de certo modo entre quatro paredes e completamente sós, já que os amigos não são o público, nem tampouco o é um pequeno e curioso cachorro de rua. Em resumo: não era como se não tivesse acontecido nada? Não é assim totalmente, mas sim aproximadamente. Os pais deviam cuidar melhor de seus filhos e ensinar-lhes melhor a calar e respeitar a idade.

E se alguém chega a este ponto, o caso está encerrado. Certamente, o que está terminado para os maiores, não o está para os pequenos. Corri e contei e perguntei; acusei e averiguei, queria arrastar a todos até o local do acontecimento, queria mostrar a todos onde eu estava e onde estavam os sete, e como e onde tinham dançado e executado sua música, e se alguém, em lugar de me rechaçar e rir-se de mim, tivesse vindo comigo, então, talvez tivesse sacrificado minha pureza e teria tentado suster-me sòbre as patas traseiras, para explicar tudo bem. Enfim, tudo o que faz uma criatura está mal, mas felizmente também se lhe perdoa tudo. Eu, contudo, envelheci sem perder esta característica infantil. Assim como naquela oportunidade não terminava de contar o acontecimento em alta voz — acontecimento que certamente hoje me parece menos importante — e de dividi-lo em partes, e de apreciá-lo à luz do critério dos presentes, importunando-os sem consideração, sempre ocupado apenas com meu assunto, que eu achava tão importuno como todos os outros e exatamente por isso — aí estava a diferença — digno de ser esclarecido a fundo, para poder finalmente recuperar a liberdade e ocupar-me da vida cotidiana, ordinária, tranqüila e feliz; assim como naquela época, exatamente — ainda que com meios menos pueris, se bem que a diferença não seja muito grande — continuei trabalhando depois e continuo ainda hoje, sem parar.

Mas começou com aquele concerto. Não me queixo; é inato em mim, e se o concerto não tivesse acontecido minha natureza teria procurado outra oportunidade para se manifestar. Apenas que antes me causou pena que acontecesse tão depressa; privou-me de grande parte de minha infância; a feliz experiência dos cachorros jovens, que alguns são capazes de alongar por muitos anos, foi para mim de apenas alguns meses. Já passou. Há coisas mais importantes do que a infância. E talvez me espere na velhice, como prêmio por tão dura existência, mais ventura infantil do que a que poderia suportar um menino mesmo, mas que eu terei forças para suportar.

Comecei então com as minhas investigações sòbre as questões mais simples; não me faltava material; lamentavelmente, foi a superabundância deste a causa de meu desespero em horas obscuras. Comecei a averiguar de que se alimentava a cachorrada. Esta não é, se bem encarada, pergunta fácil de responder; ocupa-nos desde os primeiros tempos; é o principal assunto de nossas meditações; as observações, experiências e pontos de vista foram incontáveis neste terreno; converteram-se em uma ciência que pela sua enorme amplitude excede o abarcável pelo indivíduo isolado, e também por todos os sábios em conjunto; que unicamente pode ser suportada por toda a cachorrada, e isto só em parte e não sem suspiros, isso sem falar das dificuldades e das condições prévias quase impossíveis de cumprir que exigem minhas investigações. Não é necessário que tudo isto me seja assinalado, o sei por mim mesmo como qualquer cachorro; não penso adiantar-me à verdadeira ciência, tenho-lhe o respeito que merece; mas para aumentá-lo falta-me saber, constância, calma e — não em última instância e especialmente nos últimos anos — também o apetite. Como a comida, porém sem me demorar em pesquisas econômicas. Basta-me neste aspecto a quintessência do saber, a pequena regra, com a qual as mães desmamam os pequenos e os deixam partir para a vida: "Rega tudo o que possas". Não contém isto quase tudo? Pôde a investigação acrescentar a isso algo essencial, começando desde os tempos de nossos mais remotos antepassados? Pormenores, nada mais que pormenores. E todos incertos. Em troca, esta regra permanecerá irrepreensível enquanto haja cachorros. Refere-se ao nosso principal alimento. Certamente, ainda há meios acessórios, mas em caso de necessidade, e se os anos não fossem demasiado maus, poderíamos viver deste alimento principal; este alimento o encontramos na terra, a terra precisa dessa água nossa e somente a este preço nos subministra alimento, cuja produção, isto também não se deve esquecer, pode certamente acelerar-se com determinadas expressões, cantos e movimentos. No meu entender, seria tudo; nada fundamental pode acrescentar-se a este respeito. Estou de acordo com a grande maioria da cachorrada e dou a costa, firme e severamente, às opiniões heréticas que existem sobre a matéria. Não, não procuro difençar-me nem ter razão; sinto-me feliz quando posso coincidir com meus concidadãos e isso acontece neste caso. Mas meus próprios trabalhos orientam-se em outra direção. A simples observação ensina-me que a terra, se é regada e trabalhada segundo as leis científicas, entrega alimentos e de tal qualidade e em tais quantidades, de tal maneira, em tais lugares, e a tantas horas, segundo as leis parcial ou totalmente estabelecidas pela ciência. Isto o dou por assentado, mas minha pergunta é: "De onde a terra tira estes alimentos?" Pergunta que geralmente se simula não compreender ou à qual se responde no melhor dos casos: "Se não tens bastante comida te daremos da nossa". Observe-se esta resposta. Já sei, não está entre as vantagens da cachorrada distribuir os alimentos uma vez alcançados. A vida é dura, a terra seca, a ciência rica em comprovações, mas muito pobre em resultados práticos; aquele que possui alimentos conserva-os; isso não é egoísmo, mas o contrário, lei de cães, unânime resolução popular, conseguida depois de sobrepor-se precisamente ao egoísmo, já que aqueles que possuem são em menor número. Por isso aquela resposta de "se não tens bastante comida te daremos da nossa", é apenas uma frase feita, uma mentira, uma brincadeira. Não o esqueci. Mas tanto maior significado tem o fato de que em minha frente — que então rodava pelo mundo com estas questões — se deixasse de lado a farsa; se bem que não me dava alimento — de onde o poderia tirar? — e se por casualidade o tinha, na urgência da fome se esquecia qualquer outra consideração, os oferecimentos eram sempre sérios, e aqui e ali obtinham realmente alguma migalha se me apressava a agarrá-la. Por que fui alvo de um tratamento especial? Por que fui respeitado e preferido? Por que era um cachorro fraco, débil, mal alimentado e demasiado despreocupado pela comida? Andam pelo mundo muitos cães mal alimentados e se se puder tira-se-lhes da boca o mais miserável alimento, freqüentemente não por voracidade, mas quase sempre por princípio. Não; preferia-se a mim; não poderia talvez entrar em pormenores, mas tinha a exata impressão disso. Minhas perguntas divertiam talvez? Achavam-nas especialmente sensatas? Não; minhas perguntas não divertiam e achavam-nas tolas. E, entretanto, podiam ser apenas as perguntas que me tivessem atraído a atenção. Era como se se preferisse fazer qualquer estupidez, encher-me a boca com comida por exemplo — não se fazia, mas tinha-se a intenção — a ter-se que tolerar minhas perguntas. Mas poder-se-ia afugentar-me, proibir-me de fazer perguntas. Não, não se queria isto; não se queria ouvir minhas perguntas; mas precisamente não se desejava expulsar-me por elas. Por mais que tivessem rido de mim e me tratassem como animal pequeno e tonto, por mais que me empurrassem de um lugar para outro, aquele foi o tempo em que cheguei a gozar de maior prestígio; nunca se repetiu depois nada igual; tinha acesso a todas as partes e com o pretexto de me tratarem rudemente me lisonjeavam. E tudo apenas pelas minhas perguntas, pela minha impaciência, pelas minhas ânsias de investigar. Quereriam embair-me sem violência, afastar-me quase amorosamente de um caminho errado, de um caminho cuja falsidade contudo não estava acima de qualquer dúvida, posto que não autorizava a empregar a força?... Também certo respeito e temor se opunham ao emprego da violência. Já suspeitava naquela ocasião algo semelhante, hoje o sei com certeza, com mais certeza do que aqueles que agiram então; é certo, quis-se apartar-me habilmente do meu caminho. Não o conseguiram; o resultado foi inverso: minha vigilância se aguçou. Até se tornou evidente depois que era eu quem procurava tirar os outros de seu próprio caminho, propósito no qual tive êxito até certo ponto. Apenas com a ajuda da cachorrada comecei a compreender minhas próprias perguntas. Quando eu indagava, por exemplo: "De onde a terra tira este alimento?", interessavam-me, então, como poderia parecer, as preocupações da terra? Absolutamente isso estava, como logo pude comprovar, longe de mim; a mim me preocupavam apenas os cachorros, nada além deles. Por que, que existe além dos cães? A quem recorrer fora deles no imenso mundo vazio? Todo o saber, a totalidade das perguntas e respostas está contida nos cães. Se ao menos se pudesse utilizar esse saber, ser mostrado à luz do dia; se ao menos os cachorros não soubessem tão infinitamente mais do que reconhecem saber, do que a si mesmos admitem que sabem! Mas o mais loquaz dos cachorros é mais hermético do que os lugares onde se encontram os melhores alimentos. Ronda-se ao semelhante canino, espumeja-se de avidez, luta-se com a própria cauda, pergunta-se, roga-se, late-se, morde-se e se consegue... e se consegue aquilo que também se conseguiria sem nenhum esforço: amável atenção, contatos amistosos, honrosas fungações, estreitos abraços, teu latido e o meu unem-se em um só, tudo converge para ali, uma ventura, um esquecer e um encontrar, mas a única coisa que se desejava alcançar: a confissão do próprio saber, isso se recusa. A este rogo, silencioso ou em voz alta, respondem no melhor dos casos, quando a insistência foi levada ao extremo, com ares obtusos, olhares oblíquos, olhos velados, turvos. Mais ou menos o que aconteceu quando em pequeno clamei aos cachorros músicos e não me responderam.

Poder-se-ia dizer: "Queixas-te de teus semelhantes, de seu silêncio a respeito das coisas decisivas; sustentas que sabem mais do que admitem saber; mais do que fazem valer durante a vida; e esta reserva, cujo motivo e segredo naturalmente calam também, envenena-te a existência, fá-la impossível para ti, te leva a mudá-la ou a abandoná-la; mas como se é certo seres um cachorro também, com saber de cão, então manifesta-o não apenas em forma de pergunta, mas como resposta. Porque, se o expressasses, quem te resistiria? O grande coro da cachorrada levantar-se-ia como se tivesse esperado teu sinal. Então terias tanta verdade e clareza e tantas confissões como poderias desejar. O teto desta ruim existência, que tanto criticas, abrir-se-ia, e todos cachorro junto a cachorro, subiríamos para uma liberdade superior. E ainda que este último fato não acontecesse, se fosse pior que até agora, se a verdade total fosse menos suportável que a parcial, se chegasse a confirmar-se que os silenciosos estão em seu direito como protetores da vida, e se a ligeira esperança que agora ainda posuímos, se mudasse em total desesperança, a experiência merece igualmente a pena já que não queres viver como te deixam viver. Então, por que exprobras aos outros seu mutismo quando tu também calas?" Fácil resposta: porque sou um cachorro. No essencial tão hermético quanto os outros, resistindo também às próprias perguntas, rígido de medo. Pergunto acaso — ao menos desde que sou adulto — para que me respondam? Não alimento tão absurdas esperanças. Vejo os fundamentos de nossa vida, pressinto sua profundidade, vejo os trabalhadores na construção, em sua obscura obra, devo esperar que graças às minhas perguntas tudo fique terminado, destruído, abandonado? Não; já não espero isto, certamente. Eu compreendo-os sou sangue de seu sangue, de seu pobre sangue, sempre renovadamente jovem e sempre renovadamente ansioso. Não temos, porém, somente em comum o sangue, mas também o saber, e não apenas o saber, mas também as chaves para consegui-lo. Não o possuo sem a intervenção dos demais, não posso tê-lo sem sua ajuda. Os ossos férreos, os de mais nobre tutano, apenas são acessíveis pelas dentadas conjuntas de todos os cachorros. Esta é por certo apenas uma comparação e muito exagerada; se todos os dentes estivessem preparados já não precisariam morder, o osso abrir-se-ia e o tutano estaria ao alcance do cachorrinho mais débil. Se me mantenho dentro deste exemplo devo dizer que minhas perguntas, minhas investigações, tendem a algo enorme. Quero conseguir esta assembléia de todos os cachorros, quero fazer que pela ameaça de todos os dentes se abra o osso; quero depois despedi-los para que vivam sua vida, que lhes é cara, e quero depois, só, absolutamente só, sorver o tutano. Isto parece monstruosidade, quase é como se não quisesse viver do tutano de um osso, mas do tutano da própria cachorrada. Mas é apenas uma comparação. O tutano de que se fala aqui não é alimento, é o contrário: é veneno.

Com as perguntas açulo-me a mim mesmo; quero acender-me, pelo silêncio me rodeia, a única réplica. Durante quanto tempo suportarás o silêncio da cachorrada? Até quando o suportarás? Esta é a pergunta vital, superando todas as outras. Dirijo-a a mim mesmo; não incomoda aos outros. Lamentavelmente, é fácil de responder: suportarei até que me venha o fim; às perguntas inquietas opõe-se cada vez mais a calma dos anos. Certamente, morrerei em silêncio, rodeado de silêncio, quase pacificamente, mas estou prevenido. Como por escárnio dotou-se-nos aos cachorros de um coração admirável e de pulmões que não se desgastam prematuramente; resistimos a todas as perguntas, mesmo às próprias, somos verdadeiros baluartes do silêncio.

Com maior freqüência reflito nos últimos tempos a respeito de minha vida, busco o erro decisivo culpável de tudo, mas não o encontro. E contudo, devo tê-lo cometido, pois, se apesar de não existir, o trabalho honrado de toda a minha vida não me teria permitido atingir a meta, isso demonstraria que aquilo que me propunha era impossível, e teria de cair na completa falta de fé, na desesperança. A obra de uma vida! Primeiro as investigações relativas à pergunta: De onde tira a terra nosso alimento? Cachorro jovem, ávido de vida, renunciei a todos os gozos, fugi a todas as diversões, sepultei a cabeça entre as patas em presença das tentações, e pus-me a trabalhar. Não era trabalho científico, nem pela minha preparação nem pelo método, nem pela finalidade procurada. Talvez tenha havido nisto um èrro, mas não pôde ser decisivo. Aprendi pouco; era muito jovem quando me vi separado de minha mãe; acostumei-me desde cedo à independência; e a vida livre e a independência precoce são hostis à aprendizagem sistemática. Mas vi e ouvi muito, e falei com os cachorros das mais diferentes espécies e ocupações, e não assimilei mal nem correlacionei mal as observações, o que substituiu um pouco a aprendizagem sistemática; além do mais, embora a independência seja um inconveniente para o estudo ordenado, é uma vantagem para a investigação pessoal. Era tanto mais necessária em meu caso, quanto que não podia seguir os métodos próprios da ciência, quer dizer, utilizar os trabalhos dos precursores e relacionar-me com os investigadores de minha época. Reduzido ao meu próprio esforço, comecei desde o princípio com a convicção, muito agradável para a juventude, mas esmagadora para a velhice, de que o ponto final que haveria de colocar seria também o definitivo. Mas estive na realidade tão sozinho com minhas investigações? Sim e não. Não é impossível que tenha havido sempre, que haja também hoje, alguns cachorros isolados em minha própria situação. O que não é tão grave; não me desvio nem sequer na espessura de um cabelo da modalidade coletiva. Todos os cachorros sentem como eu o impulso de perguntar, e eu, como eles, o de calar. Em cada um existe o impulso de fazer perguntas. Se não fosse assim, as minhas não teriam provocado a menor comoção, comoções que me enchiam de ventura, de ventura exagerada, além de tudo. E quanto à minha tendência a calar, lamentavelmente não precisa demonstração especial. Depois, no fundo, não sou diferente dos outros cachorros; apesar de todas as discrepâncias eles me reconhecerão e eu procederei como eles. Apenas a dosagem dos elementos é diferente, diferença que pessoalmente pode ser muito importante, mas que do ponto de vista coletivo é mínima. E será possível que nunca, nem no passado, nem no presente, a dosagem tenha sido parecida à minha, e se esta mescla se chama desgraçada, que não tenha existido outra mais desgraçada ainda? A experiência parece indicar o contrário. Nós, cachorros, desempenhamos as ocupações mais extraordinárias, tais que ninguém as creria possíveis se não tivéssemos a respeito delas notícias fidedignas. Recordo-me de preferência dos cachorros voadores. Quando ouvi falar deles pela primeira vez, não quis acreditar em absoluto no que me diziam. Como? Que havia um cachorro de raça muito pequena, não maior que a minha cabeça, nem mesmo na idade adulta, e que apesar de sua débil constituição e de sua aparência artificiosa, imatura, delambida, e apesar de ser incapaz de dar um salto decente, pudesse, como se dizia, deslocar-se no ar sem nenhum esforço visível, descansando? Pretender convencer-me de tais coisas parecia-me querer abusar de minha ingenuidade de cachorro jovem. Mas pouco depois, em outro lugar, voltaram a falar-me dos cachorros voadores. Ter-se-iam posto de acordo para se rirem de mim? Contudo, quando vi os cachorros músicos já tudo me pareceu possível; nenhum preconceito travava minha capacidade de assimilação, segui o rasto dos rumores mais incoerentes, e o mais disparatado nesta vida insensata chegou a parecer-me mais verossímil que o razoável e mais proveitoso para minhas investigações. Assim aconteceu também com os cachorros voadores. Averiguei muito a respeito deles; embora até hoje não conseguira ver a nenhum, estou firmemente convicto de sua existência e em minha imagem do mundo têm lugar importante. Como na maioria dos casos, também neste sua arte não me desconcerta. É realmente admirável, (quem poderia negá-lo!), que estes cachorros possam suspender-se no ar, e adiro à admiração da cachorrada. Muito mais admirável, porém, é, em meu modo de entender, a insensatez, a funda insensatez de suas vidas. Nem mesmo se erigem, flutuam no ar e basta, a vida continua seu curso, aqui e ali fala-se de arte e de artistas, isso é tudo. Mas, por que? — pergunto à cachorrada — por que flutuam os cachorros? Que sentido tem o seu ofício? Por que é impossível obter deles uma palavra de explicação? Por que flutam lá em cima, deixando que suas patas se atrofiem, o orgulho do cão, e por que, distantes da terra nutriz colhem sem semear e, segundo se refere, fazem-se manter opiparamente à custa da cachorrada? Devo felicitar-me por ter provocado com minhas perguntas certa agitação no que a isto se refere. Começa-se a construir a base, a improvisar uma espécie de fundamento e certamente que não se irá além do princípio. Mas já é alguma coisa. Ainda que não se atinja a verdade — nunca se chegará a ela — pelo menos decobre-se parte da confusão e da mentira. Porque mesmo o mais incongruente de nossa vida e especialmente isto pode fundamentar-se. Não de modo completo — é uma graça do diabo — mas de qualquer modo em grau suficiente para proteger-se de perguntas molestas. E voltando ao exemplo dos cachorros voadores, não são arrogantes, como se poderia supor de início; dependem em alto grau de seus semelhantes, o que é fácil de compreender se alguém procura colocar-se em seu caso. Estão obrigados, já que não podem fazê-lo abertamente — o que implicaria em lesar o dever de calar — a obter de algum modo que se lhes perdoe seu gênero de vida ou, pelo menos, a desviar a atenção, a conseguir seu olvido, e procuram consegui-lo conforme me informam, mediante uma tagarelice quase insuportável. Sempre têm algo que contar, seja de suas meditações filosóficas, nas quais podem ocupar seu tempo desde que renunciaram a qualquer esforço corporal, seja a respeito do que vem de seu alto observatório. E embora não se caracterizem pela força do espírito, o que, conhecendo-se sua vida ociosa, é perfeitamente compreensível, e embora sua filosofia seja tão inútil como suas observações e igualmente inutilizável para a ciência, que não pode basear-se em fontes tão desprezíveis, se apesar disso pergunta-se que é o que desejam afinal os cachorros voadores, obter-se-á uma e outra vez a resposta de que contribuem poderosamente para a ciência. "Certamente — observa-se então — mas são contribuições carentes de valor e importunas." — As réplicas seguintes consistirão em encolhimentos de ombros, circunlóquios, desgostos ou risos, e depois de um instante, se se pergunta novamente, volta a inteirar-se de que são úteis à ciência e por fim, quando por sua vez perguntam-lhe, por pouco que se distraia, responde o mesmo. E talvez seja melhor não ser muito teimoso e resignar-se, não digo a ponto de justificar o direito à vida dos cachorros voadores, mas sim pelo menos a tolerá-los. Mais não se deveria pedir; seria excessivo e contudo se pede. Cada vez são em maior número os cachorros voadores que se encarapitam no espaço, e para todos se pede tolerância. Não se sabe com certeza de onde provêm. Reproduzem-se? Restam-lhes forças para isso? Posto não sejam mais que um formoso couro, havia de reproduzir-se? E ainda que o inverossímil fosse possível, quando se verifica o ato da reprodução? Sempre são vistos solitários no alto, prazenteiros de si mesmos, e se alguma vez se rebaixam a caminhar, acontece apenas durante instantes; dão poucos passos melindrosos, rigorosamente a sós, abismados em supostos pensamentos, dos quais não conseguem libertar-se nem mesmo à custa dos maiores esforços; pelo menos assim o afirmam. Mas se não se reproduzem, é preciso supor que há cães que renunciam voluntariamente à vida do chão, que voluntariamente se convertem em cachorros voadores, e que ao preço da comodidade e de certa habilidade escolhem essa estéril existência de almofadão. Isto não é admissível; nem a hipótese da reprodução nem a da livre eleição são admissíveis. E contudo, a realidade demonstra que sempre há novos cachorros voadores, do que há que se deduzir que, embora os inconvenientes pareçam insuportáveis à luz de nosso entendimento, dada uma espécie de cachorros, por mais estranha que seja, não se extinguirá, ao menos não tão fàcilmente, e que sempre haverá nela algo que persistirá com êxito.

Se isto é válido para uma espécie tão insensata, estranha e até não viável como a dos cachorros voadores, não haveria de sê-lo também para a minha? Sobretudo, tendo em conta que meu aspecto não é tão singular, que sou cachorro da classe média, muito abundante nesta região, que não me distingo em nada, que não sou especialmente desprezível e que em minha juventude e mesmo em minha idade adulta, antes de me abandonar, fui um cachorro bastante bem parecido. Elogiavam-me ao peito, as patas esbeltas, o porte da cabeça, mas também o meu pêlo cinzento-branco-amarelado, enrolado nas pontas, tinha grande aceitação; tudo isto não é estranho, estranha é apenas a minha maneira de ser e mesmo esta — o que jamais devo esquecer — está arraigada profundamente na natureza da cachorrada. Se o cachorro voador mesmo não permanece absolutamente só, se sempre aparece algum novo no grande mundo dos cachorros, se sempre buscam descendência, então posso viver na confiança de que tampouco eu estou definitivamente perdido. Naturalmente os meus congêneres hão de ter um destino especial, mas o mero fato de existir não me beneficia de modo visível: não os reconheceria. Somos os oprimidos pelo silêncio, queremos destruí-lo, sofremos fome de ar, enquanto que aos outros parece agradar-lhes; "parece" somente, como o prova o caso dos cachorros músicos, que na aparência se entregavam tranqüilamente à sua arte, mas que na realidade estavam muito excitados. De qualquer modo esta aparência tem grande poder, procura-se penetrá-la, mas ela se ri de todo ataque. Como se arranjam meus congêneres? Como são seus intentos de viver? Há de haver nisto muita diferença. Eu experimentei com perguntas em minha juventude. Depois, talvez, poderia aderir-me aos que perguntam muito, eles seriam meus congêneres. Na realidade, tentei-o durante um tempo fazendo-me violência porque antes de tudo me interessam os que deviam responder; os que interrompem com perguntas que quase nunca posso responder são-me desagradáveis, e depois: a quem não agrada perguntar enquanto é jovem? Como haveria de selecionar entre as múltiplas perguntas as verdadeiras? Tódas as perguntas soam igual, o importante é a intenção e esta geralmente está oculta, ainda para aquêle que as formula. Além disso, perguntar é próprio da cachorrada, todo o mundo faz perguntas, estas se entrecruzam; até parece que exista o propósito de apagar o rasto das perguntas verdadeiras. Não; meus iguais não se encontram entre os perguntadores jovens e menos ainda entre os taciturnos, os velhos, aos quais agora pertenço. Além do mais, que se consegue com as perguntas? Eu fracassei com elas; talvez meus companheiros sejam mais inteligentes que eu e empreguem meios mais eficazes para suportar a existência, meios que — assim me parece — talvez os ajudem em sua angústia, os acalmem, os adormeçam, mudem sua índole, mas que no fundo sejam tão impotentes como os meus, ainda que por mais que olhe ao derredor não veja resultados. Mas muito me amedronto de que meus congêneres se possam reconhecer em qualquer coisa antes que nos resultados. E onde estão estes congêneres? Sim, esta é a tortura, esta. Onde estão? Em todas as partes e em nenhuma. Talvez o seja o meu vizinho, que está apenas a três saltos de mim, trocamos alguns gritos, ele cruza para ver-me, mas eu não a ele. É meu congênere? É possível, porém nada há mais improvável. Quando está distante posso, por exemplo, com grande esforço de imaginação, ver nele muitos aspectos que são meus, mas quando está presente minhas invenções caem no ridículo. Um cachorro velho, ainda menor do que eu apesar de minha estatura ser apenas mediana, castanho, de pêlo curto, de cabeça cansada, abatida, de passo vacilante, que além disso arrasta a pata esquerda posterior em conseqüência de uma enfermidade. Há muito que não me dou com ninguém como com ele; estou contente de suportá-lo antes mal que bem, e quando se vai grito-lhe as coisas mais amáveis, certamente não por afeto, mas irritado comigo mesmo, pois quando o sigo acho-o extremamente repelente com seu andar vacilante, com seu pé arrastado e seu quarto traseiro muito baixo. Às vezes, quando mentalmente o considero companheiro meu, é como se quisesse ridicularizar-me a mim mesmo. Por outra parte, ao falar não transparece nada que possa parecer-se ao companheirismo; é inteligente, sim, e, para nosso meio, bastante culto, e poderia aprender muito dele. Mas, procuro a inteligência e a instrução? Geralmente falamos de questões locais, e eu, mais perspicaz neste aspecto por causa de meu isolamento, costumo assombrar-me da riqueza de espírito que precisa um cachorro comum, mesmo em circunstâncias não extraordinariamente desfavoráveis, para ir vivendo e para proteger-se dos perigos correntes. A ciência das regras, mas não é fácil compreendê-las nem mesmo em seus lineamentos mais grosseiros, e apenas compreendidas vem a verdadeira dificuldade: aplicá-las às circunstâncias ordinárias. Nisto quase ninguém pode ajudar; cada hora e cada lugar da terra cria novos problemas. Ninguém pode afirmar que está colocado em algum ponto de maneira definitiva e que sua vida transcorrerá como por si só; nem mesmo eu, com minhas necessidades decrescentes a cada dia que passa. E todo este esforço infinito, para que? Apenas para sepultar-se cada vez mais no mutismo, para não poder ser tirado dele nunca mais e por ninguém.

Costuma-se elogiar o progresso da cachorrada através dos tempos, com o que entendo que se quer elogiar o progresso da ciência. Certamente, a ciência progride incontidamente, até aceleradamente, cada vez com maior velocidade, mas, que há de glorioso nisto? É como se se desejasse elogiar alguém porque à medida que os anos passam se torna mais velho aproximando-se em conseqüência da morte com velocidade crescente. É um processo natural e até desagradável, no qual nada acho que celebrar. Vejo apenas desintegração, com o que não quero significar que gerações anteriores fossem melhores; apenas foram mais jovens, essa era sua grande vantagem, sua memória não estava tão sobrecarregada como a de hoje, era mais fácil conseguir que falassem, e mesmo ninguém o tendo conseguido, as possibilidades eram maiores; precisamente, esta maior possibilidade é o que nos apaixona ao escutar aquelas velhas histórias, bastante ingênuas, entretanto. De vez em quando uma palavra parece revelar algum indício, faz-nos saltar, não sentimos o peso dos séculos. Assim é; por mais que critique meu tempo, as antigas gerações não foram melhores que as mais recentes e até em certo sentido foram piores e mais débeis. Tampouco então os milagres andavam soltos pelas ruas para que qualquer um pudesse laçá-los, mas os cachorros não eram ainda, não posso expressá-lo de outra forma, tão cachorros como hoje; a estrutura da cachorrada era mais leve, a palavra exata podia ainda atuar, decidir a obra, alterá-la, mudá-la à vontade em algo diametralmente oposto, e aquela palavra existia, ou pelo menos sentia-se próxima, flutuava sobre a ponta da língua e qualquer um poderia averiguá-la. Aonde foi parar hoje? Metendo as mãos até as entranhas não seria encontrada. Talvez nossa geração esteja perdida, mas é mais inocente que aquelas. Compreendo as vacilações da minha. Já nem mesmo se trata de vacilar, é apenas esquecer o sonho que há mil noites se sonhou, para mil vezes esquecê-lo. Quem nos atirará ao rosto este milésimo engano, precisamente? E creio mesmo compreender as vacilações dos antepassados; provavelmente nós não teríamos agido de forma diferente; quase desejara dizer: ditosos somos nós por não termos que carregar com a culpa; por poder correr para a morte em um silêncio quase inocente, em um mundo já obscurecido por outros. Talvez quando se extraviaram nem perceberam que se tratava de um desvio definitivo; mantinham-se à vista da encruzilhada, era-lhes fácil retornar, e se demoravam em fazê-lo era apenas porque queriam gozar um tempo da vida de cão, que na realidade não era ainda propriamente uma vida de cão, mas assim mesmo embriagadoramente agradável, pelo que sempre convinha demorar-se um pouco, ainda que por uns instantes, e continuar errando. Não sabiam o que nós, analisando o curso da história, podemos coligir; que a alma evolui mais depressa que a própria vida e que, quando começaram eles a gostar da vida de cão, já deviam ter uma alma acachorrada desde muito, e não se achavam tão próximos do ponto de partida como lhes parecia ou queria fazer-lhes crer sua vista que se regozijava já em plena libertinagem canina. Quem pode falar hoje ainda de juventude? Eles foram realmente cachorros jovens, mas desgraçadamente seu único orgulho reduzia-se em chegar a ser cachorros velhos, no que, certamente, não podiam fracassar, como o demonstraram todas as gerações seguintes e a nossa melhor do que nenhuma outra.

Não, não falo com o meu vizinho destas coisas, mas com freqüência devo pensar nelas quando estou sentado em frente dêle, típico cachorro velho, ou quando afundo o focinho no seu pêlo e percebo um sopro do olor característico das peles desoladas. Careceria de sentido falar destas coisas com êle ou com os outros. Sei como transcorreria a conversação. Faria alguns reparos aqui e ali, por fim aprovaria — a aprovação é a melhor arma — e o assunto estaria enterrado. Para que então incomodar-se em desenterrá-lo? E contudo, talvez haja com o meu vizinho alguma concordância além das simples palavras. Não posso deixar de sustentar isto ainda que careça de provas e possa ser vítima de engano, justamente por ser desde há muito o único com quem converso e porque devo aferrar-me a êle. "Serás meu correligionário à tua moda? Envergonhas-te de teu fracasso? Também eu fracassei. A sós, choro por isso; vem, repartido entre dois, é menos amargo." Assim penso às vezes e o olho fixamente. Ele não baixa o olhar, mas nada deixa transparecer, olha obtusamente, assombrado de que tenha deixado de falar. Mas talvez seja essa sua maneira de perguntar e eu o decepcione como ele a mim. Em minha juventude, se outras perguntas não me tivessem parecido mais importantes, e se não me tivesse bastado folgadamente a mim mesmo, talvez o teria perguntado de viva voz, obtendo um descolorido assentimento, quer dizer, menos do que obtenho hoje com o meu silêncio. Mas, não se calam todos igualmente? Nada me impede crer que todos são ‹meus camaradas, não somente que tive um camarada ocasional, investigador, fundido e esquecido com seus insignificantes êxitos, ao qual não posso chegar, porque mo impede a obscuridade dos tempos passados e a apertada aglomeração do presente, mas que sempre tive e tenho companheiros em todos, todos afanosos à sua maneira, todos à sua maneira infrutuosos, calados ou astutamente charlatães, como conseqüência da investigação sem esperança. Mas, então, não fôra necessário que me isolasse; teria podido ficar tranqüilamente entre os outros, não precisaria abrir-me caminho como menino rebelde através das filas dos maiores, que em resumo querem o mesmo que eu, abrirem-se caminho, e que apenas me enganam pelo seu maior juízo, que lhes ensina que ninguém pode chegar mais além e que tôda oferta carece de sentido.

Tais idéias são certamente o resultado das conversações com meu vizinho; confunde-me e entristece-me; contudo, é bastante alegre, pelo menos ouvi-o gritar e cantar em sua casa, até incomodar-me. Conviria renunciar também a esta última relação, não seguir vagas alucinações como as que provoca todo contato canino por mais endurecido que alguém se julgue, e dedicar o pouco tempo que me resta exclusivamente às minhas investigações. A próxima vez que vier enfiar-me-ei em um canto e fingir-me-ei adormecido e repetirei isto todas as vezes que seja necessário até que deixe de vir.

Também entrou a desordem em minhas investigações; afrouxo, canso-me, apenas troto mecânicamente, eu que corria com entusiasmo. Recordo os tempos em que comecei a investigar a pergunta: "De onde tira a terra nosso alimento?". Certamente que eu vivia então no seio do povo, lutava por enfiar-me onde tudo se fazia mais espesso, a todos queria converter em testemunhos de meu trabalho, e êste testemunho me importava mais do que o próprio trabalho; como ainda esperava algum efeito geral recebia grande estímulo, que agora, solitário como sou, desvaneceu-se. Na razão era tão forte que fiz algo inaudito, algo que se encontra em contradição com todos os nossos princípios e que toda testemunha de vista recorda como algo sinistro. Encontrei na ciência, que tende em geral para a ilimitada especialização, uma curiosa simplificação. Ela ensina fundamentalmente que a terra produz nosso alimeno e indica, depois de ter assentado este princípio, os métodos pelos quais se podem obter, e em abundância, os diversos manjares. É exato, com efeito, que a terra produz alimentos, isso não padece dúvidas, mas o processo não é tão simples como é de ordinário apresentado, ao extremo de excluir toda investigação ulterior. Basta tomar os mais elementares acontecimentos que se repetem diariamente. Se fôssemos inteiramente inativos, como eu agora, e depois de um ligeiro trabalho da terra nos enroscássemos a esperar o resultado, e na suposição de que realmente se produzisse algo, acharíamos sem dúvida o alimento da terra. Mas tal caso não constitui a regra. Os que conservem certa equanimidade com respeito à ciência — e por certo são poucos, já que os círculos que ela traça são cada vez mais amplos — comprovarão com facilidade, embora não façam observações muito minuciosas, que a parte principal do alimento que encontramos sôbre a terra provém do alto; se até agarramos parte dele, de acordo com nossa habilidade e avidez, antes de entrar ele em contato com a terra. Com isto ainda nada digo contra a ciência, porque também a terra produz este alimento em forma natural. Que o tire um de seu seio e o outro das alturas, talvez isso constitua não uma diferença essencial; a ciência, que estabeleceu que em ambos os casos é necessário o trabalho do solo, talvez não deva ocupar-se em tais distinções, tendo em vista o que se diz: "Pança cheia, problemas resolvidos". Apenas me parece que a ciência se ocupa destas coisas ao menos de forma velada e fragmentária, já que conhece os métodos para a obtenção de alimentos: o trabalho do solo pròpriamente dito e os trabalhos acessórios ou de refinamento em forma de aforismo, dança e canto. Encontro nele uma classificação em duas categorias, se bem que não perfeita, bastante clara. O trabalho do solo serve ao meu ver para a obtenção de ambas as espécies de alimentos e é sempre imprescindível; aforismo, dança e canto, não se referem tanto ao alimento terrestre em sentido estrito, mas servem antes para atraí-lo do alto. Nesta hipótese apoia-me a tradição. Aqui o povo parece retificar a ciência sem o saber e sem que a ciência tente defender-se. Sim, como quer a ciência, aquelas cerimônias apenas tinham de servir ao solo, talvez para dar-lhe fórças para atrair o alimento do alto, então, deveriam logicamente cumprir-se em sua totalidade junto ao solo; tudo teria de sussurrá-lo, bailá-lo e cantá-lo à própria terra. E a meu juízo a ciência não pretende outra coisa. E agora vem o notável: o povo dirige-se para as alturas com todas suas cerimônias. Isto não atenta contra a ciência; ela não o proíbe; deixa ao camponês em liberdade, considera em seus ensinos apenas o solo, e se o camponês os assimila fica satisfeita; mas sua razão devia em meu entender exigir mais. E eu, que nunca me aprofundei na ciência, não posso imaginar como os cientistas permitem que nosso povo, apaixonado como é, grite as frases mágicas para o alto, cante nossos antigos lamentos ao ar e execute cabriolas de danças, como se, esquecendo-se do solo, quisesse elevar-se para sempre. Procurei sublinhar estas contradições; quando, de acordo com os ensinos da ciência, aproximava-se a época da colheita, dedicava-me inteiramente ao solo, arranhava-o durante a dança e girava a cabeça para proximar-me da terra o mais possível. Mais tarde fiz uma cova e introduzi a boca, cantando e declamando desse modo, para que apenas o ouvisse o solo e ninguém mais além dêle.

Os resultados foram limitados. Às vezes, não obtinha o alimento e já estava a ponto de alegrar-me pela minha descoberta, quando aparecia de súbito como se, superada a confusão criada pela minha estranha representação, reconhecessem-se suas vantagens e se renunciasse com gosto aos gritos e saltos. A miúdo a comida chegava em maior abundância do que antes; depois faltava por completo. Com uma decisão até então desconhecida em cachorros jovens, fiz exata resenha de todas as minhas experiências; julgava encontrar já uma pista que pudesse levar-me mais além, mas em seguida voltava a perdê-la. Inegàvelmente, aqui fui travado pela minha insuficiente capacidade científica. Que certeza havia por exemplo de que a falta de comida não era atribuível à minha experiência, senão à preparação anticientífica do solo? Se assim era, todas as minhas conclusões careciam de consistência. Sob determinadas condições, tinha realizado uma experiência inteiramente satisfatória se tivesse obtido o alimento sem trabalhar a terra em absoluto, apenas com cerimônias dirigidas ao alto; ou também se, com cerimônias terrestres exclusivamente, tivesse podido comprovar a ausência do mesmo. Tentei-o sem maiores esperanças e não sob condições experimentais rigorosas, porque, de acôrdo com minha crença irredutível, um mínimo de trabalho do solo é sempre indispensável, e mesmo que os hereges que não o crêem, tivessem razão não poderiam demonstrá-lo, porque a aspersão do solo produz-se necessariamente e é, dentro de certos limites, inevitável. Outra experiência, ainda que um tanto colateral, teve mais êxito e causou certa perturbação. Paralelamente à prática usual de agarrar os alimentos que vêem do ar, resolvi deixá-los cair, sem segurá-los. Com tal finalidade executava cada vez que o alimento caía um pequeno salto que estava calculado de tal forma que fôsse insuficiente; na maioria dos casos o alimento caía com surda indiferença e eu me atirava sobre ele, não apenas por fome, mas também com a ira da decepção. Mas em casos isolados, produziu-se algo diferente, realmente maravilhoso; o alimento não caía, porém perseguia-me no ar; a comida perseguia o faminto. Não acontecia durante muito tempo, apenas um pequeno espaço, e depois caía ou desaparecia por completo ou — caso mais freqüente — em minha avidez o devorava, terminando prematuramente a experiência. De qualquer modo, sentia-me feliz, envolvia-me num rumorejo de inquietude e de atenção, encontrei meus conhecidos mais acessíveis às minhas perguntas, em seus olhos lampejava um resplendor que pedia auxílio, e embora apenas fosse o reflexo de meus próprios olhares, não exigia mais, conformava-me. Até que me inteirei — e os outros se inteiraram comigo — de que esta experiência não era nova, que fora descrita cientificamente, e até que fora conseguida de forma mais completa; contudo, há muito que não se realizava pelo autodomínio que exige e porque sua suposta carência de importância científica fazia desnecessária sua repetição. Demonstraria apenas o que já se sabia, ou seja que o solo nem sempre atraía o alimento verticalmente, mas também em forma oblíqua e até em espiral.

Contudo, não me descoroçoei; para tanto era demasiado jovem; pelo contrário, senti-me estimulado a cumprir o que foi talvez a maior realização de minha vida. Não me deixei desorientar pela subestimação científica de minha experiência, mas nestes casos não auxilia a fé senão apenas a comprovação, e eu queria encarar esta, destacando ao mesmo tempo, à plena luz e no centro da investigação, esta experiência originariamente um pouco colateral. Queria demonstrar que se retrocedia diante do alimento não era o solo o que o atraía em forma oblíqua, mas eu que o instava a seguir-me. Não pude levar adiante a prova de modo cabal, porque não agüentava durante muito tempo o esforço de ter a pitança diante dos olhos e experimentar ao mesmo tempo cientificamente. Mas queria também fazer outra coisa, queria jejuar por completo, enquanto me fosse possível, evitando o espetáculo do alimento e sua tentação. Se me retirava e permanecia deitado com os olhos fechados de dia e de noite, sem me preocupar com a colheita nem com a queda dos alimentos, suprimindo também qualquer outra atividade, mas confiando secretamente em que a inevitável e irracional aspersão do solo e a tranqüila repetição dos aforismos e canções — a dança queria evitá-la para não me enfraquecer — fossem suficientes para fazer desaparecer a comida que, sem fazer caso do solo, viria bater contra a minha dentadura para que lhe franqueasse a entrada; se isso acontecia, então, certamente, ainda não teria rebatido a ciência, bastante elástica para prover-se de exceções e de casos particulares, mas, que diria o povo que felizmente não tem a mesma elasticidade? Porque esse não seria um caso de exceção como os de enfermidade física ou de melancolia, que a história refere, em que o sujeito se nega a preparar os alimentos, a procurá-los, a ingeri-los, e em que a cachorrada se une em fórmulas de esconjuro, desviando os alimentos de sua trajetória natural e fazendo-os chegar diretamente à boca do enfermo. Eu, em troca, estava perfeitamente são e forte, e meu apetite era tão magnífico que durante dias inteiros me impedia de pensar em outra coisa que não fosse ele; submetia-me voluntariamente ao jejum; estava em condições de prover à descida dos alimentos e até queria fazê-lo, porém não precisava da ajuda da cachorrada e me opus a ela da maneira mais decidida.

Procurei para mim um lugar adequado num matagal distante, onde não ouvisse falar em comida, nem estalar de língua, nem rascar de ossos, e me acostei ali depois de ter-me fartado pela última vez. Queria passar, se fosse possível, todo o tempo com os olhos fechados; enquanto não quisesse vir a comida seria noite para mim, ainda que passassem dias e semanas. Entretanto, não devia, e éste era um grave inconveniente, dormir em absoluto, pelo menos devia dormir pouco, porque não só tinha que conjurar os alimentos, fazendo-os descer, mas também estar de sobreaviso para que a chegada da comida não me surpreendesse adormecido. Em outro aspecto, o sono seria vantajoso, porque me permitiria prolongar o jejum. Por estas razões resolvi subdividir o tempo cuidadosamente e dormir muito, mas um pouco por vez. Consegui-o apoiando a cabeça em frágeis ramos que logo se quebravam acordando-me. Assim estava, dormia ou vigiava, sonhando ou cantarolando para mim. O primeiro tempo transcorreu sem novidade; talvez na fonte dos alimentos passara desapercebido que me revoltava contra o curso usual das coisas, e a verdade é que tudo ficou em calma. Perturbava-me um pouco o medo de que os cachorros, ao estranhar-me, me procurassem e tentassem algo contra mim. Um segundo temor era que o solo — apesar de que segundo a ciência se tratava de terra estéril produzisse por simples aspersão o chamado alimento casual e que seu odor me tentasse. Por enquanto não acontecia nada semelhante e podia continuar jejuando. Fora destes temores, achava-me tranqüilo, mais tranqüilo do que nunca. Ainda que trabalhando contra a ciência, experimentava bem-estar e a quase proverbial tranqüilidade dos cientistas. Em minhas lucubrações conseguia o perdão da ciência; também havia nela lugar para as minhas investigações; consolava-me saber que, por maior que fosse o êxito de meus trabalhos, e justamente por isso, eu não estaria perdido para a cachorrada; a posição da ciência era agora amistosa; ela mesma se ocuparia da interpretação dos meus resultados, e esta promessa era já quase igual ao êxito; enquanto antes me sentia no mais íntimo como um réprobo que investia enlouquecido os muros de seu povoado, agora seria recebido com grandes honras, a ansiosa fraqueza de multidões de corpos de cães me envolveria em sua corrente, me ergueria, me faria oscilar sobre os ombros de minha raça. Notável efeito da fome inicial! Minha emprêsa parecia-me de tal importância que ali mesmo, no matagal, comecei a chorar emocionado e compadecido de mim mesmo, o que, por outra parte, não era muito lógico, pois se esperava o merecido prêmio, por que chorava? Talvez apenas por bem-estar. Sempre que me senti bem, muito poucas vezes, chorei. Mas isto durou pouco. As formosas visões desapareceram ao agravar-se a fome; não transcorreu muito tempo e depois de apressada dispersão de todas as fantasias e de toda emoção, senti-me em completa solidão com a fome que queimava minhas entranhas. "Isto é a fome", disse a mim mesmo infinidade de vezes, como querendo fazer-me crer que a fome e eu éramos ainda duas coisas diferentes, e como se alguém pudesse tirá-la de si como um pretendente molesto; mas na realidade éramos uma unidade extremamente dolorosa, e se eu me dizia "isto é a fome", na realidade falava a fome, rindo-se de mim. Horríveis momentos! Dá-me calafrios não somente pelos sofrimentos que então padeci, mas também porque sei que aquele não foi o final, porque todo esse sofrimento terei de sofrê-lo novamente se realmente quero chegar a alguma coisa, porque ainda hoje entendo que a fome é o principal instrumento de minhas investigações. A rota vai através da fome; o mais elevado se conquista apenas pelo mais elevado sacrifício, e o mais alto sacrifício é entre nós a fome voluntária. Se reflito portanto a respeito daqueles tempos — e me é essencial revolver-me nisso — imagino também os que me ameaçam. É quase como se se devesse deixar transcorrer uma vida inteira antes de refazer-se daquela tentativa; todos os anos de minha idade adulta me separam daquele jejum, mas ainda não estou reposto. Talvez quando inicie o próximo esteja mais decidido em virtude de minha maior experiência e melhor compreensão da necessidade da experiência, mas minhas forças serão menores, como resultado do que passei, e a só idéia do que terei de passar já me enfraquece. Meu apetite diminuído não me auxiliará, apenas restará mérito na tentativa e provavelmente me obrigará a jejuar durante um prazo mais longo. Aclarei perfeitamente estas idéias; todo este longo período não transcorreu sem experiências prévias, muitas vezes finquei o dente literalmente no jejum, mas sem sentir-me ainda preparado para o extremo. O entusiasmo juvenil não existe mais; desapareceu naquela oportunidade em meio à fome. Muitos pensamentos me torturaram. Ameaçadoramente apareceram-me os nossos antepassados. Embora não o possa dizer publicamente considero-os culpados; eles provocaram esta vida de cão e bem poderia responder às suas ameaças com outras ameaças. Mas inclino-me diante de seu saber; provém de fontes que nós já não conhecemos; portanto, apesar de todo meu impulso de lutar contra eles, abster-me-ei sempre de violar abertamente suas leis, apenas passarei pelas fissuras para cuja localização tenho um olfato especial. A respeito da fome, evoco o famoso diálogo no curso do qual um de nossos sábios expressou a intenção de proibir o jejum, ao que outro se opôs com esta pergunta: "E quem desejará jejuar jamais?" O primeiro deixou-se convencer e a proibição não foi avante. Contudo volta a nascer a pergunta: "Está o jejum realmente proibido?" A enorme maioria dos comentaristas responde negativamente, consideram que há liberdade de jejuar, estão com o segundo sábio e não temem que os comentários errôneos se traduzam em conseqüências graves. Havia-me certificado bem disto antes de começar meu próprio jejum. Mas enquanto me arqueava de fome e enquanto em minha confusão mental procurava a salvação em minhas extremidades posteriores, lambendo-as, mastigando-as, chupando-as desesperadamente até muito acima, até o ânus, pareceu-me completamente falsa a interpretação daquele diálogo, maldisse a exegese, maldisse a mim mesmo por ter-me deixado embair; o diálogo, como até uma criança o compreenderia, continha algo mais que uma única proibição de jejuar. O primeiro sábio queria proibir o jejum, o que um sábio quer já sucedeu, o jejum estava portanto proibido; o segundo sábio não só aderiu, mas também considerou impossível o jejum, somou à primeira proibição uma segunda, o que implicava em proibir a própria natureza canina; o primeiro sábio reconheceu isto e retirou sua proibição, quer dizer, ordenou aos cachorros, depois da explicação de tudo isto, a agir com prudência e evitar a si mesmos o jejum. Isto é, três proibições em vez de uma só e eu as violara. Embora com atraso, teria podido obedecer e deixar de jejuar, mas apesar de meu sofrimento, tentava-me o prosseguimento e lancei-me atrás disso, gulosamente, como se se tratasse de um cão desconhecido. Não podia terminar, provavelmente também estava demasiado débil para poder erguer-me e procurar a salvação em lugares povoados. Revolvia-me no leito, já não podia dormir, em todas as partes ouvia o ruído, o mundo até agora adormecido parecia-me ter-se despertado para meu jejum; tinha a sensação de que nunca mais poderia tornar a comer porque então silenciaria de nôvo o mundo agora livre e sonoro, do que não me sentia capaz. Por outro lado, o ruído maior estava em minha barriga; freqüentemente apoiava o ouvido nela; cara bem esquisita devo ter feito: mal podia dar crédito ao que ouvia. E quando as coisas chegaram ao cúmulo, o marulhar pareceu apossar-se de minha própria natureza; fazia tentativas de salvação carecentes de sentido; comecei a perceber odores de alimentos, de manjares seletos, que há muito já não comia, alegrias de minha infância; sim, senti o odor dos peitos de minha mãe; esqueci minha decisão de resistir aos odores, ou melhor, não a esqueci; como se isso fizesse parte dessa decisão, arrastava-me em todas as direções, apenas um pouco, e farejava, como se quisesse o manjar apenas para rechaçá-lo. Não me causava decepção não encontrar nada; os alimentos existiam, sim, mas sempre se encontravam uns passos mais distante, as patas dobravam-se antes que eu os alcançasse. Mas ao mesmo tempo sabia que não havia nada, que me movia apenas por medo à prostração definitiva em um lugar que, contudo, já não poderia abandonar nunca. As últimas esperanças e as últimas tentações se esfumaram, miseràvelmente terminaria aqui, que sentido tinham minhas investigações, pueris tentativas de pueris épocas felizes? Agora era sério, aqui a investigação poderia demonstrar sua importância, mas onde ficara? Aqui apenas havia um cachorro que gania desvalidamente e que, entretanto, com espasmódica pressa, sem sabê-lo rociava o solo continuamente, incapaz de tirar qualquer coisa de sua memória, nem o mais ínfimo de toda a sabedoria das palavras mágicas, nem mesmo o versinho com que se refugiam os recém-nascidos debaixo da mãe. Era como se não estivesse separado dos irmãos por um curto trecho, mas infinitamente afastado de tudo, como se na realidade não morresse de fome, mas de abandono. Era evidente que ninguém se preocupava comigo, ninguém sob a terra, nem sòbre ela, ninguém nas alturas; morria pela sua indiferença, sua indiferença me dizia: "Se morre, há de ser assim". E não coincidia eu com êles? Não dizia o mesmo? Não havia desejado este abandono? Certamente, cães, mas não para terminar aqui, porém para chegar além, à verdade, para sair dêste mundo de mentira, onde não se encontra a ninguém de quem obter a verdade, tampouco de mim, cidadão inato da mentira. Talvez a verdade não estivesse tão distante, e eu não tão abandonado como julgava, ao menos não tanto pelos outros como por mim, que estava no fim de minhas forças e morria.

Mas não se morre tão depressa como supõe um cachorro transtornado. Apenas me desvaneci e quando recuperei o sentido e ergui os olhos vi um cachorro desconhecido. Já não sentia fome, estava forte, minhas juntas pareciam elásticas, como molas, embora não realizasse nenhuma tentativa para levantar-me e comprová-lo. Sim, um cachorro formoso, mas não fora do comum e contudo pareceu-me ver nele, além disso, outras coisas. Debaixo de mim havia sangue; no primeiro instante supus que era alimento, mas em seguida notei que era sangue que havia vomitado. Deixei de olhá-lo e voltei-me para o cachorro. Era delgado, de grandes patas, castanho, manchado de branco em alguns lugares; tinha um olhar formoso, forte, investigador.

— Que fazes aqui? — inquiria — Deves ir-te daqui.

— Não posso ir-me agora — disse eu sem mais explicação. Como poderia explicar-lhe tudo? Além disso, ele parecia ter pressa.

— Por favor, vai-te — disse, e erguia nervosamente uma pata, depois outra.

— Deixa-me — disse-lhe — vai-te e não te preocupes comigo, os outros também não se ocupam.

— Peço-te por ti mesmo — disse.

— Pede-o pelo que quiseres — disse-lhe — não poderia andar mesmo que quisesse.

— Não é isso — informou sorrindo — podes andar. Justamente porque pareces estar muito fraco, rogo-te que te afastes lentamente; se hesitas, mais tarde terás de correr.

— Deixa que eu me importe com isso — respondi.

— Também é de minha conta — disse ele, entristecido pela minha teimosia, e aparentemente queria deixar-me aqui por ora, mas sem descurar a ocasião de aproximar-se de mim amorosamente. Em outra ocasião talvez eu o tivesse tolerado, mas não o compreendia. Fiquei espantado.

— Fora! — gritei com tanta mais força quanto que não tinha outra defesa.

— Já te deixo — disse ele retrocedendo lentamente — És maravilhoso. Não te agrado?

— Agradar-me-ias se te afastasses e me deixasses em paz.

— Mas já não tinha tanta segurança como queria fazê-lo acreditar. Algo ouvia ou via nele com meus sentidos aguçados

pelo jejum; apenas estava nos princípios, crescia, aproximava-se e já o sabia: este cachorro tem o poder de afastar-te, embora ainda não consigas imaginar como poderias levantar-te. Ele, à minha brusca réplica, respondera apenas movendo a cabeça suavemente; eu o olhava agora com crescente avidez.
— Quem és? — perguntei.
— Um caçador — disse ele.
— E por que não me queres deixar aqui? — perguntei.
— Porque me estorvas; — disse — não posso caçar se estás aqui.
— Tenta-o — disse-lhe — talvez possas caçar.
— Não — disse — sinto muito, mas deves ir-te.
— Deixa a caça por hoje — roguei.
— Não — disse ele — devo caçar.
— Eu devo ir-me; tu deves caçar — disse eu — puro dever. Compreendes por que "devemos"?
— Não — respondeu — mas nisso nada há que compreender, são coisas evidentes, naturais.
— Mas não — disse eu. — Te dá pena ter que afugentar-me e contudo o fazes. Assim é! — repeti desgostoso. — Não é uma resposta. Que renúncia te seria mais fácil: renunciar à caça ou renunciar a afugentar-me?
— Renunciar à caça — falou.
— Então? — disse — Há uma contradição.
— Que contradição? — indagou — Não compreendes, querido cachorrinho, não compreendes que devo? Não compreendes o que é evidente?

Não respondi já porque notava — e uma nova vida circulava em mim, vida como apenas a dá o espanto, por alguns pormenores, que talvez ninguém além de mim pudera perceber — que do fundo do peito do cachorro ia começar a erguer-se um canto.
— Cantarás — disse-lhe.
— Sim — falou gravemente — logo, mas ainda não.
— Já principias — disse.
— Não — disse — Ainda não, mas prepara-te.
— Já o ouço, embora o negues — disse, temeroso.

Ele calou e julguei reconhecer o que não tinha averiguado nenhum cachorro antes de mim — ao menos não se acha na tradição o menor indício disso — e me apressei a fundir, presa de medo e vergonha infinitos, o rosto no charco de sangue. Julguei perceber que o cão já cantava antes de sabê-lo, e, mais ainda, que a melodia, separada dêle, flutuava no espaço e por cima dêle, obedecendo a suas próprias leis, como se já não tivesse nada a ver com êle; tendia apenas para mim; eu, exclusivamente eu, era seu destinatário. Hoje, naturalmente, parece-me impossível e o atribuo a minha superexcitação daquela ocasião; mas embora fosse um êrro, não precisava de grandeza; foi a única realidade, embora apenas aparente, que pude tirar de meu tempo de jejum e trazer a este mundo, e que pelo menos demonstra até onde podemos chegar com um completo alheamento de si mesmo. E eu estava realmente fora de mim. Em circunstâncias normais teria estado gravemente enfermo, imobilizado; mas não pude resistir à melodia, que depois, gradualmente, o cachorro começou a aceitar como própria. Fez-se cada vez mais forte; seu crescimento provavelmente não tinha limites; já quase me fazia saltar os ouvidos. Mas o mais grave era que somente parecia existir por mim; esta voz, diante da qual emudecia a sublimidade do bosque, existia apenas por mim. Quem era eu que ainda ousava permanecer aqui, diante dela, em meu sangue e sujeira? Bamboleando-me levantei-me e olhei para baixo, ao longo de minhas patas. "Isto não vai ser possível", disse a mim mesmo ainda, mas já voava, arrebatado pela melodia, executando soberbos saltos. Nada contei a meus amigos; imediatamente depois de minha chegada talvez tivesse contado tudo, mas estava demasiado débil; e mais tarde pareceu-me incomunicável. Algumas insinuações que não conseguia reprimir diluiam-se nas conversações sem deixar rastro. Fisicamente, recuperei-me em poucas horas; mas espiritualmente ainda hoje suporto as conseqüências.

Estendi minhas investigações à música dos cães. Tampouco estava inativa a ciência neste setor; a ciência da música é provavelmente, se não estou mal informado, mais ampla ainda que aquela da alimentação e melhor fundamentada. Isto se explica porque neste campo se pode trabalhar mais desapaixonadamente que naquele, e porque aqui apenas se trata de meras observações e de sua sistematização; ali, em troca, antes de tudo, de conseqüências práticas. A isso é preciso acrescentar que a investigação musical goza de maior respeito que a da nutrição; contudo, a primeira nunca pôde penetrar tão profundamente no povo como a segunda. Já o acontecimento dos cachorros músicos parecia indicá-lo, mas eu era então demasiado jovem. Realmente, não é nada fácil aproximar-se desta ciência; considera-se que é difícil, cheia de distinção e que se isola da multidão. Naqueles cachorros o mais interessante era sem dúvida a música, porém ainda mais importante me pareceu seu mutismo; talvez não encontrasse já em nenhuma parte algo semelhante a sua espantosa música; podia pospô-la e esquecer, mas sua funda essência canina saiu-me ao encontro a partir de então em todos os cachorros. Para penetrar a natureza canina, as investigações sobre alimentação pareceram-me mais adequadas. Talvez me equivocasse. Uma zona de contato entre ambas as ciências provocou já então minhas suspeitas. Trata-se do relativo ao canto que faz descer os alimentos. De nóvo me prejudica neste ponto não ter penetrado nunca seriamente na ciência da música, nem remotamente posso incluir-me neste aspecto nem mesmo entre os que a ciência chama com desdém medianamente cultos. Devo tê-lo sempre presente. Não suportaria, disto tenho lamentavelmente provas, nem o mais ligeiro exame a que me submetesse um homem de ciência. Isto, naturalmente, tem suas causas, afora as circunstâncias de minha vida já mencionadas, em minha escassa disposição científica, limitada concentração, má memória e, sobretudo, em que me resigno a ter sempre presente o objetivo científico. Tudo isto o reconheço com franqueza, até com certa alegria. Porque a razão profunda de minha incapacidade científica parece estar em um instinto, não necessariamente mau. E se quisesse dizer bravatas, poderia dizer que precisamente éste instinto destruiu minhas disposições científicas, porque seria pelo menos muito estranho que eu, que nas questões da vida cotidiana, que certamente não são as mais singelas, ponho em evidência um entendimento suportável e que compreendo, ainda que não à ciência, aos cientistas, como o provam os meus resultados; seria muito estranho que de entrada não tivesse sido capaz de levantar uma pata ao menos até o primeiro degrau da ciência. Foi o instinto o que, em benefício da própria ciência, mas de uma ciência diferente daquela que hoje em dia se cultiva, de uma ciência final, última, fez-me estimar a liberdade acima de todas as coisas. A liberdade! Certamente, a liberdade tal como hoje é possível é um arbusto raquítico. Mas de qualquer maneira liberdade, de qualquer maneira um bem...

O ABUTRE

Era um abutre que me bicava os pés. Já havia destroçado os sapatos e as meias e agora me bicava os pés. Sempre dava uma bicada, voava em círculos inquietos ao redor e depois prosseguia a obra. Passou um senhor, olhou-nos um instante e perguntou-me por que tolerava o abutre.

— Estou indefeso — disse-lhe —, veio e começou a bicar-me, eu quis espantá-lo e até pensei torcer-lhe o pescoço, mas estes animais são muito fortes e queria saltar-me ao rosto. Preferi sacrificar os pés; agora estão quase feitos em pedaços.

— Não se deixe atormentar — disse o senhor — um tiro e o abutre se acabou.

— Parece-lhe? — perguntei —, quer encarregar-se o senhor do assunto?

— Com muito gosto — disse o senhor —: não preciso senão de ir à casa e buscar o fuzil, o senhor pode esperar meia hora mais?

— Não sei — respondi-lhe, e por um momento permaneci rígido de dor; depois acrescentei —: por favor, experimente de todos os modos.

— Bem — disse o senhor —, vou preparar-me.

O abutre ouvira tranqüilamente o nosso diálogo e deixara vagar o olhar entre o senhor e eu. Agora vi que compreendera tudo: voou um pouco distante, retrocedeu para conseguir o ímpeto necessário e como um atleta que atira o dardo encaixou o bico em minha boca, profundamente. Ao cair de costas senti como uma libertação; que em meu sangue, que enchia todas as profundidades e que inundava todas as ribeiras, o abutre irreparavelmente se afogava.

"ELE"

Anotações do ano 1920

Em nenhuma ocasião está suficientemente preparado, nem sequer se lhe pode reprovar isso, porque, como poderia ter tempo para se preparar antecipadamente nesta vida que de modo tão doloroso exige estar pronto a cada instante? E ainda que o tivesse, como estar preparado sem conhecer o problema que é preciso resolver? Quer dizer: é realmente possível superar uma prova espontânea, imprevista, não disposta artificialmente? Por isso há tempo que foi destroçado pelas rodas; para essa ocasião — é curioso mas confortador — estive menos preparado do que nunca.

★

Quanto faz parece-lhe extraordinariamente nóvo, mas também, pela sua exagerada abundância, improvisado, apenas suportável, incapaz de perdurar, destruidor da cadeia das gerações, e pela primeira vez demolidor até suas últimas profundidades da música do mundo que até agora podia ao menos conjeturar-se. Às vezes, em seu orgulho, teme mais pelo mundo do que por si mesmo.

☆

Resignara-se à prisão. Terminar como preso poderia constituir o objetivo de sua existência. Mas era uma jaula grande de relhas. Como em seus lares, o ruído do mundo, indiferente, imperioso, fluía através da relha; de certo modo era livre, podia participar de tudo, nada do que acontecia do lado de fora lhe escapava, até poderia ter abandonado a jaula, já que os barrotes estavam muito separados; nem mesmo se achava preso. Tinha a sensação de que pelo fato de viver obstruía para si os caminhos. E depois deduzia dessa obstrução a prova de sua existência.

☆

Seu próprio frontal lhe obstrui o caminho; contra sua própria fronte golpeia-se a fronte até fazê-la sangrar.

Sente-se preso neste mundo, falta-lhe espaço; acometem-no a pena, a debilidade, as enfermidades, as alucinações dos presos; nenhum consolo lhe basta, exatamente por ser apenas consolo, terno e doloroso consolo frente ao fato brutal de estar preso. Mas se se lhe pergunta que deseja na realidade, não sabe responder, porque não tem — e é um de seus argumentos mais fortes — idéia do que é a liberdade.

☆

Há quem nega a aflição apontando o sol; ele nega o sol assinalando a aflição.

O movimento ondulatório de toda vida, da própria e da alheia, lacerante, tardo, às vezes muito tempo detido, mas no fundo interminável, tortura-o porque aparelha a igualmente interminável exigência de pensar. Às vezes parece-lhe que esta tortura precede aos acontecimentos. Quando se inteira de que nascerá o filho de um amigo, reconhece que já sofreu antes por isso como pensador.

☆

Por uma parte vê algo inimaginável sem certo bem-estar, algo sereno e cheio de vida: a contemplação, valoração, a análise, a extraversão. As possibilidades são infinitas. Mesmo uma centopéia precisa de uma fenda suficientemente ampla para instalar-se; aqueles atos, em troca, não requerem espaço, podem coexistir aos milhares, compenetrando-se, sem necessidade da menor fenda. Mas por outra, vê também o instante em que, chamado a prestar contas e sem conseguir articular palavra, é rechaçado de nôvo para a contemplação, etc., e já sem a possibilidade de chapinhar neles, imerge-se com uma maldição.

☆

Trata-se do seguinte: há muitos anos sentei-me na ladeira do monte Laurenzi. Bastante triste, analisava meus desejos. Pareceu-me mais importante ou atraente conseguir uma concepção de vida (e, ambas as coisas estavam necessàriamente ligadas, convencer aos outros dela), uma concepção em que a vida conservasse seu peso, suas naturais alternativas, mas em que fôsse também reconhecida, com não menor precisão, como nada, como um sonho, como algo leve e flutuante. Porventura um formoso desejo se tivesse desejado cabalmente. Algo como o desejo de ensamblar uma mesa com perfeição, de acôrdo com as regras da arte, e ao mesmo tempo não fazer nada, mas de tal modo que não se pudesse dizer: "o martelar nada significa para êle", mas que se tivesse que dizer: "o martelar é para êle um verdadeiro martelar e ao mesmo tempo nada", com o que o martelar se tornaria ainda mais audaz, mais decidido, mais real e, se o desejas, mais delirante.

☆

Mas não podia desejar dessa forma, já que êsse desejo não era um desejo, era apenas uma defesa, uma admissão do nada, um sopro de vitalidade que queria conferir ao nada, no qual nessa oportunidade apenas aventurava os primeiros passos conscientes, mas sentindo-o já como seu elemento. Era como uma despedida do mundo das aparências da juventude, embora esta nunca o tivesse enganado diretamente, porém apenas através da palavra das eminências. O "desejo" tornou-se pois necessário.

☆

Apenas prova-se a si mesmo, é sua única demonstração; todos os adversários o derrotam prontamente, mas não porque o rebatem (êle é irrebatível), porém porque se experimentam a si mesmos.

☆

As associações humanas baseiam-se em que alguém, por sua poderosa essência, pareça ter rebatido a outros, em si irrebatíveis. Isto é doce e consolador para êsses outros; mas como falta à verdade não pode ser duradouro.

☆

Antes tomou parte de um grupo monumental. Em tôrno a um pináculo agrupavam-se em ordem estudada as figuras do guerreiro, das artes, ciências e ofícios. Um desses do grupo era êle. Há tempo que o grupo se dissolveu; ao menos êle já não o integra. Não conserva já seu antigo ofício, esqueceu qual era seu papel no grupo. Precisamente por esse esquecimento sobrevem certa tristeza, incerteza, inquietude, certa nostalgia dos tempos passados que entenebrece o presente. E contudo esta nostalgia é importante elemento da força vital ou porventura ela mesma.

☆

Não vive pela sua existência pessoal, não pensa em razão de seu próprio pensamento. É como se vivesse e pensasse sob a pressão de uma família para a qual, apesar de ser ela própria enormemente rica em energias vitais e de pensamento, êle constitui uma necessidade, em virtude de uma lei desconhecida. Por esta família e por estas leis desconhecidas é impossível despedi-lo.

☆

O pecado original, a velha culpa do homem, consiste na censura que formula e na qual reincide, de ter sido êle a vítima da culpa e do pecado original.

★

Frente às vidraças de Cassinelli havia um menino de uns seis anos e uma menina de sete; bem vestidos, falavam de Deus e do pecado. Detive-me atrás dêles. A menina, talvez católica, apenas considerava pecado mentir a Deus. O menino, talvez protestante, perguntava teimoso que era então mentir aos homens ou roubar. "Também é um enorme pecado" — disse a menina —; "mas não é o maior. Apenas os pecados contra Deus são os maiores; para os pecados contra os homens temos a confissão. Se confesso, aparece o anjo às minhas costas; porque se eu peco aparece o diabo, apenas que não é visto". E a menina, cansada de tanta seriedade, voltou-se e disse brincando: "Vês? Não há ninguém atrás de mim." O menino voltou-se por sua vez e me viu. "Vês? — disse sem lhe importar que eu o escutasse — atrás de mim está o diabo". Já o vejo — disse a menina —, mas não me refiro a êsse."

☆

Não procura consôlo, não porque não o queira — quem não o quer? —, porém porque procurar consôlo significa dedicar a vida a isso; viver à margem da existência, fora dela, já sem saber para quem se procura consolo e sem estar já em condições de procurar consolo eficaz, não digo verdadeiro, que não existe.

☆

Não quer deixar-se medir pelos outros. O homem, por infalível que seja, vê nos outros apenas a parte que lhe mostra seu próprio olhar e sua própria maneira de pensar. Ele padece como todo mundo, embora de modo exagerado, a mania de reduzir-se até amoldar-se ao olhar dos outros. Se Robinson, para consolar-se, ou por tristeza, temor, ignorância ou nostalgia não tivesse abandonado nunca o ponto mais alto, ou melhor, mais visível da ilha, logo teria morrido; mas como, sem preocupar-se com os barcos e seus fracos vigias, começou a explorar a sua ilha e a encontrar alegria nela, sobreviveu e foi finalmente encontrado, em seqüela, ao menos intelectualmente, necessária.

☆

Fazes uma virtude de tua debilidade.

Em primeiro lugar, todos os fazem; e em segundo, exatamente eu não o faço. Deixo que minha debilidade continue existindo; não seco os pântanos, continuo vivendo em seu vapor febril.

Disso fazes exatamente tua virtude.

Como todos, já o disse. Além do mais, faço-o por ti. Para que continues sendo amável comigo, prejudico a minha alma.

☆

Tudo lhe é permitido menos esquecer-se de si mesmo; com o que tudo lhe está vedado menos o que momentaneamente é necessário ao todo.

A questão da consciência é uma exigência social.

Todas as virtudes são individuais, todos os vícios sociais. O que se faz valer como virtude social, como o amor, o desinteresse, a justiça, o espírito de sacrifício são apenas vícios sociais "assombrosamente" rebaixados.

☆

Entre o **sim** e o **não** que diz a seus contemporâneos e os que deveria dizer-lhes, existe mais ou menos a mesma diferença que entre a vida e a morte, e é igualmente inacessível.

☆

A causa de que a posteridade julgue mais acertadamente ao morto, reside neste. A verdadeira índole se desenvolve tão-somente depois da morte. Estar morto é para cada qual como a noite do sábado para o moageiro. Tira-lhe o pó do corpo. E fica explícito se os contemporâneos lhe fizeram mais mal do que êle a eles. No último caso foi um grande homem.

☆

Sempre temos forças para negar, a mais natural manifestação do espírito de luta, sempre cambiante, renovado, que nasce e que morre; mas nos falta a coragem para isso, quando na realidade a vida é negação, quer dizer negação afirmativa.

☆

Não morre com a atrofia de seus pensamentos. Atrofiar-se é apenas uma manifestação do mundo interior (que permanece ainda que apenas seja pensamento), uma manifestação natural como outra qualquer, nem alegre nem triste.

★

A corrente contra a qual se afana é tão veloz que em algum momento de distração pode desesperar-se pela estéril quietação em que flutua; tão atrás foi arrastado em um momento de prostração.

☆

Tem sede e um simples arbusto o separa do manancial. Mas êle está formado por duas partes. Uma vigia o conjunto, vê que está aqui e a fonte ao lado; a outra em suma suspeita que a primeira vê tudo. Mas como não percebe nada, não pode beber.

Nem audaz nem temerário, tampouco covarde. A vida livre não o acovardaria. Claro que tal gênero de vida não se lhe apresentou, mas tampouco isto o preocupa, como em geral não se preocupa por si em absoluto, mas há alguém desconhecido que se preocupa por ele, somente por ele. E essas preocupações desse alguém desconhecido, e em especial sua constância, são as que em horas silenciosas lhe causam terrível enxaqueca.

☆

Certo cansaço impede-lhe erguer-se, a sensação de estar protegido, de jazer em um leito preparado para ele e que lhe pertence exclusivamente; mas não pode descansar, a intranqüilidade expulsa-o do leito, impede-se-lhe a consciência, o coração que bate sem termo, o temor à morte e o desejo de refutá-lo. Torna a erguer-se. Esta agitação e algumas observações vagas casuais, fugitivas, constituem sua vida.

☆

Tem dois inimigos: o primeiro ameaça-o por trás, desde as origens; o segundo fecha-lhe o caminho para diante. Luta contra ambos. Na realidade, o primeiro apóia-o em sua luta contra o segundo, quer impeli-lo para diante e da mesma maneira o segundo o apóia em sua luta contra o primeiro, empurra-o para trás. Mas isto é somente teórico. Porque além dos adversários também existe ele, e quem conhece suas intenções? Sempre sonha que em um momento de descuido — para isso faz falta uma noite inimaginavelmente escura — possa safar da linha de combate e ser elevado, pela sua experiência de luta, por cima dos combatentes, como árbitro.

☆

O GUARDIÃO DA CRIPTA

Pequeno quarto de trabalho. Janela alta; vê-se a copa desnuda de uma árvore. O príncipe (deitado para trás na cadeira junto à escrivaninha, olha pela janela). Gentil-homem (barba branca inteira, roupa juvenilmente cingida ao corpo, junto à porta dos fundos).

PAUSA

Príncipe: (Voltando as costas para a janela) Então?
Gentil-Homem: Não posso recomendá-lo, Alteza.
Príncipe: Por que?
Gentil-Homem: Não posso formular com exatidão minhas reservas neste momento. Não é muito tudo quanto quero dizer se por ora, apenas o dito vulgar: deve deixar-se descansar aos mortos.
Príncipe: Essa é também a minha opinião.
Gentil-Homem: Então não o compreendi bem.
Príncipe: Assim parece. (**Pausa**) A única coisa que o confunde nesse assunto é possivelmente, a circunstância de ter tomado as disposições diretamente, sem terem sido anunciadas antes.
Gentil-Homem: Certamente; o anunciar-mas impõe-me maior responsabilidade e deverei esforçar-me para pôr-me à altura.

Príncipe: Nada de responsabilidade! (**Pausa**) De modo que, novamente: Até agora a cripta do Parque Frederico esteve custodiada por um guardião que tem sua casinha à entrada do parque. Havia algo que objetar a tudo isto?
Gentil-Homem: Certamente que não. A cripta tem mais de quatrocentos anos e sempre foi custodiada nessa forma.
Príncipe: Poderia ser um abuso. Mas é um abuso?
Gentil-Homem: É uma disposição necessária.
Príncipe: Bem, uma disposição necessária. Bom, agora estou longo tempo aqui no castelo, inteiro-me de particularidades que até agora estiveram confiadas a estranhos — mais ou menos competentes — e cheguei à conclusão de que o guardião na parte alta do parque não basta, deve haver outro embaixo, na cripta. Provavelmente não seja um emprego agradável, mas sei por experiência que para todo cargo se encontra gente disposta e apropriada.
Gentil-Homem: Certamente, quanto Vossa Alteza ordene será executado, embora não seja compreendida a necessidade da disposição.
Príncipe: (**Levantando-se vivamente**) Necessidade! E é necessária a guarda junto ao portão do parque? O Parque Frederico é uma fração do parque do castelo, que o rodeia por completo. E o parque do castelo mesmo está fortemente vigiado, até militarmente. Para que então uma vigilância especial do Parque Frederico? Não é uma simples formalidade? Um amável leito de morte para ancião que ali espera a guarda?
Gentil-Homem: É uma formalidade, mas uma formalidade necessária. Prova de veneração aos grandes mortos.
Príncipe: E uma guarda na própria cripta?
Gentil-Homem: No meu entender teria um sentido policial acessório, seria a vigilância real de coisas irreais que escapam aos homens.
Príncipe: Esta cripta é para minha família o limite entre o humano e o outro, neste limite quero instalar uma guarda. A respeito do que o senhor chama sua necessidade policial, poderemos interrogar ao próprio guardião. Fiz com que êle viesse. (**Chama**).
Gentil-Homem: Trata-se, se assim me permite opinar, de um ancião que perdeu o juízo.
Príncipe: Se é assim, seria uma prova a mais da necessidade de reforçar a guarda tal como eu a entendo. (**Entra o servente**): O guardião da cripta! (**O criado introduz o guardião, sustendo-o pelo braço, do contrário cairia. Velha libré**

de gala, vermelha, muito folgada, botões prateados reluzentes. Diversas condecorações. Capa na mão. Sob o olhar do amo, treme.) Ao sofá! (O criado o acomoda e sai. Pausa. Apenas um leve estertor do guardião. Novamente em sua cadeira.) Ouves?
Guardião: (Esforça-se por responder mas não o consegue, está muito esgotado, desmaia.)
Príncipe: Procura recuperar-te, nós esperamos.
Gentil-Homem: (Inclinando-se para o Príncipe) Sôbre que poderia dar informações este homem, e sobretudo informações importantes e dignas de fé? Precisar-se-ia levá-lo urgentemente à cama.
Guardião: À cama não... ainda sou forte... relativamente... ainda cumpro...
Príncipe: Deveria ser assim. Apenas tens oitenta anos, ·mas pareces estar muito fraco.
Guardião: Logo estarei recuperado... em seguida.
Príncipe: Não é uma censura, apenas lamento que estejas mal. Tens algo de que te queixes?
Guardião: Serviço pesado... serviço pesado... não me queixo... mas enfraquece muito... lutas tôdas as noites...
Príncipe: Que dizes?
Guardião: Serviço pesado.
Príncipe: Dizias algo mais?
Guardião: Lutas.
Príncipe: Lutas? Que lutas?
Guardião: Com os antepassados.
Príncipe: Não o compreendo. Tens pesadelos?
Guardião: Pesadelos não... Pois não durmo nenhuma noite.
Príncipe: Então fala a respeito destas... destas lutas. (Guardião cala. Ao Gentil-homem.) Por que se cala?
Gentil-Homem: (Precipita-se para o guardião.) Cada momento pode ser o último.
Príncipe: (De pé junto à mesa.)
Guardião: (Quando o Gentil-Homem o toca.) Fora!... Fora! Fora! (Luta com os dedos do Gentil-Homem, desmaia soluçando.)
Príncipe: Estamos torturando-o.
Gentil-Homem: Com que?
Príncipe: Não o sei.
Gentil-Homem: O trajeto para o castelo, a introdução, a presença de Vossa Alteza, as perguntas... a tudo isso já não tem suficiente siso a opor.

Príncipe: (Olha continuamente para o guardião.) Não é isso. (**Vai até o divã, inclina-se sobre o guardião, toma seu pequeno crânio entre as mãos.**) Não deves chorar. Por que choras? Temos boas intenções. Eu mesmo não considero fácil teu cargo. Certamente, adquiriste méritos em minha casa. De modo que, não chores mais e conta.
Guardião: É que... tenho tanto medo a esse senhor... (**Olha para o Gentil-Homem ameaçadoramente, não temeroso.**)
Príncipe: (**Ao Gentil-Homem.**) Precisa ir-se... para que ele conte.
Gentil-Homem: Observe, Alteza, tem espuma na boca, está gravemente enfermo.
Príncipe: (**Distraído.**) Sim, vai... será breve. (**Gentil-Homem sai. Príncipe senta-se na borda do divã. Pausa.**) Por que o temes?
Guardião: (**Visivelmente recuperado.**) Não o temo. Temer a um criado?
Príncipe: Não é um criado; é um conde, livre e rico.
Guardião: Mas apenas um criado; tu és o senhor.
Príncipe: Se assim o queres... mas tu mesmo dizias que o temias.
Guardião: Porque tenho que contar diante dele coisas que somente tu deves saber. Não terei já dito muita coisa em sua presença?
Príncipe: Já somos íntimos, e hoje te vi pela primeira vez.
Guardião: Viu pela primeira vez, mas sempre soubeste que tenho o (**indicador levantado.**) cargo mais importante da corte. E tu o reconheceste publicamente ao conferir-me a medalha "Vermelha-Fogo". Aqui (**Segura a medalha da libré.**)
Príncipe: Não; essa é uma medalha por vinte e cinco anos de serviços na corte; essa foi te dada pelo meu avô. Mas eu também te condecorarei.
Guardião: Faze como melhor te apraza e como corresponda à importância de meus serviços. Há trinta anos que te sirvo como guardião da cripta.
Príncipe: A mim, não, governo apenas há um ano.
Guardião: (**Pensativamente**) Trinta anos. (**Pausa. Recuperando-se até perceber o Príncipe.**) Ali as noites duram anos.
Príncipe: Nenhum informe me chegou ainda a respeito de teu cargo. Como é o serviço?
Guardião: Todas as noites igual. Todas as noites, até fazer quase estalar as veias do pescoço.

Príncipe: Unicamente é serviço noturno? Serviço noturno para ti, um velho?
Guardião: Exatamente é disso que se trata, Alteza. É serviço diurno. Um posto de folgazão. Senta-se à frente da porta da casa e abre-se a boca ao raio do sol. Às vezes o cão de guarda põe as patas sobre os teus joelhos e torna a deitar-se. É toda a variação.
Príncipe: Então?
Guardião: (**Confirmando com a cabeça.**) Mas se transformou em serviço noturno.
Príncipe: Por quem?
Guardião: Pelos senhores da cripta.
Príncipe: Tu conhece-os?
Guardião: Sim.
Príncipe: Visitam-te?
Guardião: Sim.
Príncipe: Também ontem à noite?
Guardião: Também.
Príncipe: Como era?
Guardião: (**Sentando-se.**) Como sempre! (**O Príncipe levanta-se.**) Como sempre. Até meia-noite há paz, eu estou na cama — desculpa-me — e fumo o cachimbo. Na cama contígua dorme minha neta, à meia-noite batem pela primeira vez na janela. Olho o relógio. Sempre pontualmente. Ainda batem duas vezes mais, mistura-se com as badaladas da torre e não é menos forte. Não são nós de dedos humanos. Mas eu conheço tudo isso e não me movo. Depois há um rascar lá fora, assombra-se de que apesar de bater desse modo não abra. Que se assombre minha principesca Alteza! Ainda está o velho guardião! (**Mostra o punho.**)
Príncipe: Ameaças-me?
Guardião: (**Não entendendo logo.**) Não a ti. Ao da janela!
Príncipe: Quem é?
Guardião: Logo aparece, de um golpe se abrem janelas e postigos. Mal tenho tempo de atirar o cobertor sobre o rosto de minha neta. O vento penetra, apagando a luz. Duque Frederico! Seu rosto com barba e cabelo enche por completo minha pobre janela. Como se transformou através dos séculos! Quando abre a boca para falar, o vento lhe mete a velha barba entre os dentes e êle morde-a.
Príncipe: Espera. Tu dizes Duque Frederico... Que Frederico?
Guardião: Duque Frederico, apenas Duque Frederico.

Príncipe: Ele diz assim seu nome?
Guardião: (**Temerosamente.**) Não, êle não o diz.
Príncipe: E contudo, sabe que... (**Interrompendo-se.**) Continue.
Guardião: Devo prosseguir?
Príncipe: Naturalmente, isso me interessa muito. Há um erro na distribuição do trabalho. Tu estás sobrecarregado.
Guardião: (**Ajoelhando-se.**) Não tira o meu cargo, Alteza. Se durante tanto tempo vivi por ti, deixa-me agora também morrer por ti. Não faças a tumba a que eu aspiro. Sirvo com prazer e tenho ainda capacidade para servir. Uma audiência como a de hoje, um descanso junto ao senhor, me dá forças para dez anos.
Príncipe: (**Torna a sentá-lo sobre a poltrona.**) Ninguém tira o teu cargo. Como poderia prescindir de tua experiência! Mas ordenarei um guardião mais e tu serás o guardião chefe.
Guardião: Quer dizer que eu não sou suficiente? Alguma vez deixei passar algo?
Príncipe: Ao Parque Frederico?
Guardião: Não, do Parque. Quem quer entrar? Se alguma vez alguém se detém diante da cerca, agito a mão da janela e êle foge. Mas sair, sair querem todos. Depois de meia-noite podes ver reunidas ao redor de minha casa tôdas as vozes do sepulcro. Eu acredito que apenas porque se amontoam assim não passam todos juntos pelo buraco da janela. Se me parece demasiado, tiro o farol de debaixo da cama e agito-o no alto: então — seres incompreensíveis! — debandam-se entre risos e prantos; no último arbusto, no fim do parque, ouço-os murmurar. Mas logo se reagrupam.
Príncipe: E exprimem seu rogo?
Guardião: A princípio ordenam. O Duque Frederico principalmente. Nenhum ser vivo tem seu aprumo. Desde há trinta anos, tôdas as noites, espera surpreender-me em um momento de fraqueza.
Príncipe: Se o caso vem desde há trinta anos, não pode ser o Duque Frederico; morreu há apenas quinze anos. Mas é o único desse nome na cripta.
Guardião: (**Demasiado dominado pelo que acaba de narrar**). Isso não o sei, Alteza; não estudei. Apenas sei como começa: "Cão maldito", começa na janela, "os senhores chamam e tu não te moves de tua cama suja." Porque sempre os irritam as camas. Depois falamos tôdas as noites quase a mesma coisa. Ele do lado de fora; eu de dentro, com as

costas contra a porta. Eu digo: "Tenho serviço diurno." Então, a nobreza reunida solta a gargalhada. O Duque torna a me dizer: "Mas é de dia." Eu, breve: "Engana-se." O Duque: "Dia ou noite, abre o portão." Eu: "Isso fere o regulamento de serviço." E aponto com o cachimbo uma fôlha na parede. O Duque: "Mas tu és nosso guardião." Eu: "Não." Êle: "Néscio; perderás teu pôsto. O Duque Leo convidou-nos para hoje."
    Príncipe: (**Ràpidamente.**) Eu?
    Guardião: Tu. (**Pausa.**) Quando ouço teu nome perco a firmeza. Por isso sempre me apóio na porta por precaução. Ela me sustenta. Fora todos cantam teu nome. "Onde está o convite?", pergunto fracamente. "Idiota", grita, "duvidas de minha palavra ducal?" Eu digo: "Não tenho ordens e por isso não abro, não abro." "Não abre!" grita o duque do lado de fora, "então, adiante, toda a dinastia, contra o portão, abriremos nós mesmos." E num instante não fica ninguém diante da janela.
    Príncipe: Isso é tudo?
    Guardião: Que esperança! Apenas então vem meu verdadeiro serviço. Saio, dou uma volta à casa, choco-me com o duque e já oscilamos lutando. Êle grande, eu pequeno; ele tão grande, eu tão delgado; eu apenas luto com os meus pés, mas às vezes me ergue e então brigo também no ar. Rodeiam-nos todos os outros e riem-se de mim. Um, por exemplo, me corta os fundilhos da calça e todos brincam com a fralda de minha camisa, enquanto luto. Não sei explicar por que se riem se até agora sempre venci.
    Príncipe: Como é possível que venças? Tens armas?
    Guardião: Apenas nos primeiros anos levei armas. De que me poderiam servir diante deles? Apenas me pesariam. Lutamos com os punhos, ou melhor, com a força do alento. E sempre tu estás em meu pensamento. (**Pausa.**) Nunca duvido de minha vitória. Contudo, às vezes temo que o Duque pudesse perder-me entre seus dedos e esquecer-se de que luta.
    Príncipe: E quando triunfas dêle?
    Guardião: Quando vem a claridade do dia. Então me atira e depois escapa. Êsse é o reconhecimento da derrota. Mas tenho de estar deitado uma hora para recuperar o alento. (**Pausa.**)
    Príncipe: (**Levantando-se.**) Dize-me: não sabes o que querem na realidade?
    Guardião: Sair do Parque.

Príncipe: Mas, por que?
Guardião: Não o sei.
Príncipe: Não lhes perguntaste?
Guardião: Não.
Príncipe: Por que?
Guardião: Porque não me atrevo. Mas se o desejas, perguntar-lhes-ei hoje.
Príncipe: (**Assustado.**) Hoje?
Guardião: (**Com suficiência.**) Sim, hoje.
Príncipe: Tampouco suspeitas o que querem?
Guardião: (**Pensativo.**) Não. (**Pausa.**) Às vezes — talvez convenha dizer isso também — pela manhã quando estou ainda sem alento e muito fraco para abrir os olhos, chega um ser terno, úmido, de longa cabeleira; é uma retardatária, a condessa Isabel. Apalpa-me, introduz suas mãos em minha barba, e desliza-se com toda lentidão pelo meu pescoço e por debaixo do queixo, e me diz: "Aos outros não, mas a mim deixarás sair." Sacudo a cabeça com o último resto de minhas forças. "Para ver ao Príncipe Leo, para estender-lhe a mão." Eu não deixo de sacudir a cabeça." A mim, sim, a mim, sim", ouço ainda; depois desaparece. E minha neta acorre com cobertores, envolve-me e espera comigo até que posso andar. É uma boa menina.

Príncipe: Isabel? Um nome desconhecido. (**Pausa. Para si.**) Para estender-me a mão. (**Aproxima-se da janela; olha para fora.**)

(**Criado pela porta do domínio.**)

Criado: Sua Alteza, a princesa, roga que vá vê-la.

Príncipe: (**Distraído olha o criado. Ao guardião.**) Espera que eu retorne. (**Sai pela esquerda.**)

(**Pela porta do foro Gentil-Homem, depois pela porta à direita Mordomo da Corte, homem jovem, uniforme de oficial.**)

Guardião: (**Acocora-se atrás da poltrona, move as mãos como se visse fantasmas.**)

Mordomo da Corte: Saiu o Príncipe?

Gentil-Homem: Seguindo seu conselho, a senhora princesa mandou chamá-lo.

Mordomo: Bem. (**Volta-se de repente, olha atrás da poltrona.**) Maldito fantasma, atreves-te a vir realmente ao palácio? Não temes o formidável pontapé que te atirará pelo portão?

Guardião: Eu estou, estou...
Mordomo: Por agora, calado. E quieto... Sente-se aqui, no canto! (**Ao Gentil-Homem.**) Agradeço-lhe por ter-me inteirado do último capricho de sua Alteza.
Gentil-Homem: O senhor mo perguntou.
Mordomo: Como seja. E agora umas palavras em confiança. Agrada-me que seja em presença dessa coisa. Senhor Conde, o senhor galanteia com o bando contrário.
Gentil-Homem: É uma acusação?
Mordomo: No momento a expressão de um temor.
Gentil-Homem: Então posso falar. Não galanteio com o bando contrário, não o conheço. Experimento a corrente, mas não me submerjo nela. Provenho ainda da política franca à qual se dava o Duque Frederico. A única política da corte consistia em servir ao Príncipe. Como ele era solteiro, tornava-se mais fácil; na realidade nunca deveu ser difícil.

Mordomo: Muito prudente; apenas que o próprio nariz, por mais fiel que seja, não indica permanentemente o verdadeiro caminho. Apenas a inteligência o indica. Supõe que o príncipe se encontrasse em meu caminho: serve-se-lhe acompanhando-o para baixo ou, apesar de tôda devoção, obrigando-o a retroceder?

Gentil-Homem: O senhor vem com a princesa de uma corte estrangeira; há meio ano que está aqui e apesar das complexidades da corte, quer traçar a linha que separa o bom do mau...

Mordomo: Aquele que olha a meias apenas vê complicações; aquele que tem os olhos bem abertos vê na primeira hora como depois de cem anos: claramente. Por ora não se vislumbra senão uma triste claridade, mas nos próximos dias sobrevirá uma decisão favorável.

Gentil-Homem: Não posso crer que seja boa a que o senhor quer provocar e da qual mal tenho notícia. Temo que o senhor não compreenda o príncipe, à côrte, nem nada daqui.

Mordomo: Compreenda-o ou não, a atual situação é intolerável.

Gentil-Homem: Será intolerável, mas flui da natureza das coisas; nós a suportaríamos até o final.

Mordomo: Mas não a princesa, nem eu, nem os que nos apóiam.

Gentil-Homem: Que é o insuportável?

Mordomo: Exatamente porque a decisão está próxima quero falar com clareza. O Príncipe tem uma dupla personalidade. Ocupa-se uma do govêrno e, desprovida de espírito, hesita diante do povo; descuida os próprios direitos. A outra tende com tôda precisão a reforçar seus fundamentos. Para isso, cada vez mais fundo no passado. Atitude não isenta de grandeza, mas errada. É ou não assim?

Gentil-Homem: Nada tenho a opor à descrição dos fatos, mas sim ao juízo que merecem.

Mordomo: Ao juízo que merecem? E isso que com a esperança de conseguir seu assentimento ainda o suavizei! Reservo minha opinião para não feri-lo. Adianto apenas isto: Na realidade o Príncipe não precisa reforçar suas bases. Seu atual poder lhe bastaria para conseguir quanto a responsabilidade diante de Deus e dos homens possa exigir-lhe. Mas retira o equilíbrio da vida. Está prestes a tornar-se um tirano.

Gentil-Homem: E sua modéstia?

Mordomo: Modéstia de uma das duas personalidades, porque necessita tôdas as fôrças para a segunda, para lançar os alicerces, que hão de servir aproximadamente para a tôrre de Babel. Este trabalho é preciso impedi-lo, esta deveria ser a única política daqueles que têm interêsse em sua própria subsistência, na do principado, na da princesa e até talvez na do príncipe mesmo.

Gentil-Homem: "Até talvez..." O senhor é muito franco. Sua franqueza, para dizer a verdade, faz-me tremer ao pensar na anunciada decisão. E lamento, como sempre o lamentei nos últimos tempos, ser fiel ao príncipe, ao ponto de eu mesmo ficar indefeso.

Mordomo: Tudo está claro, o senhor não somente galanteia com o outro bando, porém que lhe dá também uma ajuda. Por certo que apenas uma, indubitável mérito em um antigo funcionário da côrte. Fica-lhe esta esperança, que nosso exemplo o impressione.

Gentil-Homem: Farei todo o possível para opor-me a isso.

Mordomo: Perdi o medo. (**Apontando para o guardião.**) E tu, que sabes permanecer tão judiciosamente, compreendeste tudo o que se falou?

Gentil-Homem: O guardião?

Mordomo: O guardião. Tem de vir para fora pelo visto para o reconhecer. Verdade, rapaz, velho morcego? Não o viste voar pelo bosque ao entardecer? O melhor atirador não seria capaz de acertá-lo. Mas de dia se acocora.

Gentil-Homem: Não compreendo.
Guardião: (Quase chorando.) Brigas comigo, senhor, e ignoro o motivo. Quero voltar para casa. Não sou mau, porém o guardião da cripta.
Gentil-Homem: Desconfia dele?
Mordomo: Desconfiar? Não; é muito pouca coisa. Mas de qualquer modo lhe deitarei a mão. E penso — chame a isso capricho ou superstição —, penso que não é um instrumento do mal, porém ele próprio, por si só um operário do mal.
Gentil-Homem: Há cérca de trinta anos presta serviços na corte, e creio que nunca esteve no castelo.
Mordomo: Tais toupeiras constroem compridas galerias antes de aparecer. (**Voltando-se repentinamente para o guardião.**) Fora com este! (Ao criado.) Leva-o ao Parque Frederico é permanece com ele sem deixá-lo sair até nova ordem.
Guardião: (Atemorizado.) Tenho de esperar Sua Alteza, o príncipe.
Mordomo: Engana-se, Vamos!
Gentil-Homem: É preciso tratá-lo com cuidado; é homem velho, enfermo. O Príncipe tem uma fraqueza por ele.
Guardião: (**Inclina-se profundamente diante do Gentil-Homem.**)
Mordomo: (Ao criado.) Trata-o com cuidado, mas leva-o de uma vez. Rápido!
Criado: (Quer pôr-lhe a mão.)
Gentil-Homem: (Interpondo-se.) Não; é preciso buscar um coche.
Mordomo: O ar da corte! Que disparate! Um coche então. Conduz a jóia em um coche. Mas agora, por fim, fora os dois. (**Ao Gentil-Homem.**) Sua conduta me revela...
Guardião: (No trajeto para a porta desmaia com um pequeno grito.)
Mordomo: (**Bate o solo com o pé.**) Será impossível tirá-lo de cima! Ergue-o nos braços então, se não se pode fazer de outro modo. Entendo por fim o que se deseja de ti.
Gentil-Homem: O Príncipe!
Criado: (**Abre a porta à esquerda.**)
Mordomo: Ah! (**Olha ao guardião.**) Devia ter sabido, os fantasmas não podem ser transportados.
Príncipe: (Com passo firme; atrás de si a Princesa, jovem, morena. Apertando os dentes permanece junto à porta.) Que se passou?

Mordomo: O Guardião desmaiou; quis fazê-lo transportar.
Príncipe: Deviam ter-me avisado. Chamaram o médico?
Gentil-Homem: Vou buscá-lo. **(Sai depressa pela porta do meio; volta logo.)**
Príncipe: (Ajoelhando-se junto ao guardião.) Preparai uma cama! Trazei uma caminha! Vem o médico? Como demora! O pulso está muito fraco. O coração mal bate. Pobre monte de ossos! Quão gasto está tudo! **(De súbito se ergue, procura um copo de água e ao fazê-lo olha em redor.)** Mexam-se! **(Torna a ajoelhar-se, umedece a cara do guardião.)** Agora já respira melhor. Não é tão grave; boa constituição. Não falha assim à-toa. Mas, o médico, o médico! **(Enquanto olha para a porta o guardião ergue a mão e acaricia o rosto do Príncipe.)**
Princesa: (Desvia o olhar para a janela. Criado com caminha. Príncipe ajuda a depositá-lo nela.)
Príncipe: Com suavidade! Cuidado com vossas unhas! Ergam-lhe um pouco a cabeça! Mais próxima a caminha. A almofada mais embaixo. O braço! O braço! Péssimos enfermeiros. Será que estais tão cansados quanto este...? Assim... agora com passo lento e sobretudo igual. Eu sigo-vos. **(Na porta, à Princesa.)** Este é o guardião da cripta.
Princesa: (Assente.)
Príncipe: Pensava mostrá-lo a ti em outras circunstâncias. **(Dá alguns passos.)** Não queres vir?
Princesa: Estou tão cansada...
Príncipe: Falo com o médico e imediatamente estarei de volta. E vocês, senhores, que me querem dar informações. Esperem-me. **(Sai.)**
Mordomo: (À Princesa.) Vossa Alteza necessita de meus serviços?
Princesa: Sempre. Agradeço-vos vosso zelo e vigilância. Não deixeis de exercê-la embora hoje tenha sido em vão. É decisivo. Vedes mais do que eu. Estou em meus aposentos. Mas eu sei, cada vez escurece mais. Esta vez é um outono triste além de toda espectativa.

APÊNDICE

FRAGMENTOS PARA INFORMAÇÃO A UMA ACADEMIA

Conhecemos a Pedro o Vermelho, como o conhece meio mundo. Mas quando veio ao festival em nossa cidade, decidi conhecê-lo de mais perto, pessoalmente. Não é difícil ser recebido. Nas grandes cidades, onde todos se aglomeram para ver respirar as celebridades, deve ser dificultoso; mas em nossa cidade conforma-se a gente em admirá-las da galeria. Por isso eu tinha sido, como me informou o criado, o primeiro que fez anunciar sua visita. O senhor Busenau, o empresário, recebeu-me com extrema amabilidade. Não esperava encontrar-me com homem tão modesto, quase tímido. Sentado na ante-sala da residência de Pedro o Vermelho, comia um prato feito à base de ovos. Embora fosse manhãzinha, já estava de fraque, como aparece durante as representações. Mal me viu, a mim, ao visitante desconhecido e insignificante, êle, o possuidor das mais altas condecorações, rei dos domadores, doutor **honoris-causa** de grandes universidades, saltou de sua cadeira, abraçou-me e sacudiu as mãos, obrigou-me a sentar, limpou sua colher em um pano e ma ofereceu amistosamente para que eu terminasse seu prato. Ignorou a minha agradecida recusa e quis começar a alimentar-me.

Custou-me trabalho acalmá-lo e obrigá-lo a retroceder com prato e colher.

— Muito amável por ter vindo — disse com forte acento estrangeiro —; realmente amável. Além do mais, chega na melhor hora; nem sempre, lamentàvelmente nem sempre, Pedro o Vermelho pode receber; com freqüência repugna-lhe ver gente, então não se permite a entrada de ninguém, seja quem fôr; ainda eu mesmo, apenas posso tratá-lo comercialmente e no cenário. Mas depois da representação tenho que desaparecer; êle retorna sòzinho para casa, fecha-se em seu quarto e permanece assim até a noite seguinte. Sempre tem em seu dormitório uma grande cêsta de frutas, para alimentar-se em tais casos. Mas eu, que, naturalmente, não posso deixá-lo sem vigilância, alugo as salas de frente e espio-o escondido atrás das cortinas.

— Quando estou sentado à sua frente, Pedro o Vermelho, ouço-o falar e bebo à sua saúde (o senhor poderá entender como cumprimento ou não, mas é a pura verdade), esqueço-me por completo de que o senhor é um chimpanzé. Apenas pouco a pouco, quando consigo voltar à realidade, os olhos mostram-me de quem sou hóspede.

— Sim.

— Tornou-se silencioso, por que? Se exatamente agora temos emitido juízos tão admiràvelmente certos a respeito de nossa cidade, por que silenciamos?

Silenciamos?

— Precisa de algo? Quer que chame o domador? Talvez esteja acostumado a tomar algum alimento a esta hora?

— Não, não. Está bem. Posso dizer-lhe o que se passou. Às vêzes repugna-me de tal modo a gente, que com grande esfôrço domino as náuseas. Isso, certamente, não tem nada a ver com os indivíduos isolados, nada por exemplo com sua amável presença. Refere-se a tôda gente. Não é nada extraordinário; se, por exemplo, o senhor tivesse que conviver permanentemente com macacos, apesar de todo seu autodomínio, sofreria ataques semelhantes. Além do mais, não é o odor de meus semelhantes o que me dá repugnância, porém o das pessoas, êsse odor que se aderiu a mim, misturando-se com o de minha antiga pátria. Por favor, cheire o senhor mesmo! Aqui, no peito! Afunde mais o nariz no pêlo! Mais, lhe digo!

— Lamentàvelmente, não consigo perceber nenhum odor especial. O odor comum de um corpo limpo; fora disso, nada. Certamente, o olfato de um homem da cidade não é de-

cisivo a êste respeito. O senhor, por certo, percebe mil odores que escapam a nós.
— Antes, querido senhor, antes. Isso passou.
— Já que o senhor mesmo principia com isso, aventuro a pergunta: Quanto tempo faz que vive entre nós?
— Cinco anos, a cinco de abril completar-se-ão cinco anos.
— Façanha inaudita. Arrojar de si as características de simiedade em cinco anos e cruzar de um galope tôda a evolução da humanidade. Realmente, ninguém o fêz ainda. Corre sòzinho nesta pista.
— Sei disso, muito é e muitas vêzes eu também me assombro. Mas nas horas mais tranqüilas não tenho a mesma opinião. Sabe como me caçaram?
— Li tudo o que se escreveu a seu respeito. Foi ferido por um tiro e prêso.
— Sim, recebi dois tiros: um na face, aqui; a ferida era naturalmente muito maior do que esta cicatriz; e outro debaixo da cadeira. Vou tirar a calça para que veja também essa marca. Êste foi o orifício de entrada, esta foi a ferida grave, decisiva; caí da árvore e quando despertei estava em uma jaula no tombadilho.
— Na jaula! No tombadilho! É muito diferente ler isso e ouvi-lo contar pelo senhor mesmo.
— E mais diferente ainda é tê-lo passado, estimado senhor. Até então não soube o que significava não ter saída. Não era uma jaula quadrada. Eram três lados presos a um caixão que constituía o quarto lado. O conjunto era tão baixo que eu não podia estar de pé e tão estreito que se tornava impossível sentar-se. Apenas podia estar acocorado, com os joelhos dobrados. Em minha ira não queria ver ninguém e permanecia com a cara contra o caixão, de cócoras, com os joelhos trêmulos, durante dias e noites, enquanto atrás os barrotes me cortavam as carnes. Considera-se conveniente guardar os animais selvagens nessas condições durante os primeiros tempos de seu cativeiro, e por experiência própria posso dizer que em sentido humano talvez seja exato. Mas ainda não tinha tomado o sabor do sentido humano. Tinha o caixão diante de mim. Quebra a madeira com os dentes, foge pelo buraco, que nem deixa passar o olhar e ao qual saudaste com inconscientes saudações de satisfação. Aonde queres ir? Atrás das tábuas começa a selva...

(COMÊÇO DE CARTA)

Muito estimado senhor Pedro o Vermelho:

Li com subido interesse e até com palpitações de coração a informação que o senhor escreveu para a Academia das Ciências. Não é de estranhar, posto que fui seu primeiro mestre, para quem o senhor teve tão amáveis palavras de recordação. Talvez, refletindo um pouco mais, se tivesse podido evitar a referência à minha permanência no sanatório, mas reconheço que a informação, devido à franqueza que o caracteriza, não podia suprimir esse pequeno pormenor, já que se lhe ocorreu no momento de escrever, apesar de me comprometer um pouco. Mas, na realidade, não queria falar-lhe disto; trata-se de outra coisa.

FRAGMENTO PARA A CONSTRUÇÃO
DA MURALHA DA CHINA

A este mundo chegou pois a notícia da construção da muralha. Também ela com atraso, uns trinta anos depois de sua proclamação. Era uma tarde de verão. Eu, de uns dez anos, estava com meu pai à margem do rio. Pela transcendência dessa hora, comentada muitas vezes, recordo ainda os menores detalhes. Segurava-me pela mão — fazia-o com predileção, até em sua idade mais avançada — e deslizava a outra pelo cachimbo, longo e muito fino, como se fôsse uma flauta. Sua grande barba movediça e rígida avançava no espaço; sorvendo o cachimbo, olhava por cima do rio para o alto. Tanto mais se abaixava sua trança, objeto de veneração das crianças, e sussurrava debilmente sôbre a seda bordada a ouro do traje de festa. Então deteve-se uma barca diante de nós; o barqueiro fez sinal com a mão para meu pai que descesse pelo talude; ele mesmo subiu também. No meio se encontraram: o barqueiro segredou algo ao ouvido de meu pai; para aproximar-se mais dêle abraçou-o. Não compreendi o que diziam, apenas vi que meu pai não parecia acreditar na notícia, que o barqueiro procurava reforçar a sua veracidade, que meu pai ainda não podia acreditá-la, que o barqueiro, com a paixão que o caracteriza, quase rasgou as roupas à altura do peito para provar a certeza do que dizia, que meu pai se tornou mais silencioso e que o barqueiro saltou ruidosamente à barca e partiu. Meu pai, pensativo, voltou-se para mim, golpeou o cachimbo, meteu-o no cinturão e acariciou-me a face. Era o que mais me aprazia, me fazia feliz, e assim chegamos em casa. Já fumegava o arroz sôbre a mesa, havia alguns hóspedes e estava-se deitando o vinho nos copos. Sem prestar atenção a isso, meu pai, do umbral, começou a contar o que tinha escutado. Não me recordo exatamente das palavras, mas o sentido, devido ao extraordinário das circunstâncias, mesmo para um menino, me penetrou tão profundamente, que ainda hoje me atrevo a dar uma versão oral. E faço-o porque é muito demonstrativo das idéias do povo. Meu pai disse aproximadamente: "Um barqueiro desconhecido — conheço a todos os que habitualmente passam por aqui, mas este era desconhecido — acaba de me contar que se pensa construir uma grande muralha para proteger ao imperador; com freqüência os povos não crentes se reúnem diante do palácio imperial, entre êles também demônios, e disparam suas negras flechas contra o imperador."

O RECRUTAMENTO (¹)

Os recrutamentos, necessários com freqüência por não terem fim as lutas fronteiriças, desenvolvem-se da seguinte maneira: maneira:

Emite-se a ordem de que em tal dia e em tal bairro todos os habitantes, homens, mulheres e crianças, sem exceção, devem permanecer em suas casas. Com freqüência, o jovem nobre que deve praticar o recrutamento apenas aparece por volta de meio-dia à entrada do bairro, onde as tropas, infantaria e cavalaria, esperam desde a manhãzinha. É um homem delgado, não muito alto, débil, de olhos cansados, vestido com descuido; a inquietação agita-o incessantemente, como o calafrio ao enfermo. Sem olhar para ninguém, faz um sinal com látego (não tem armas); alguns soldados o seguem e ele penetra na primeira casa. Um soldado, que conhece a todos os habitantes do bairro, lê em alta voz a lista dos ocupantes. Em geral, todos estão presentes; esperam em fila na sala, os olhos pendentes do nobre, como se já fossem soldados. Mas pode acontecer que falte algum, um homem quase sempre. Ninguém se atreverá a proferir uma desculpa e menos uma mentira; todo mundo se cala, baixando os olhos; mal se suporta a pressão da ordem que se desacatou nessa

(1) Êste fragmento pertence também à *Construção da Muralha da China*.

239

casa, mas a muda presença do nobre sujeita a todos em seus postos. Ele faz um sinal, que nem chega a ser uma inclinação de cabeça, apenas se lê nos olhos, e dois soldados começam a procurar o ausente. Não dá muito trabalho. Nunca se encontra fora da casa; não procura subtrair-se realmente ao recrutamento, apenas por medo não se apresenta, mas não é tampouco medo ao serviço, porém timidez, medo de se mostrar, a ordem é muito grande para ele, grande até causar temor; não pode vir pelas suas próprias forças. Por isso não foge, apenas se esconde, e quando ouve que o nobre está na casa desliza-se do esconderijo para a porta da sala e logo é seguro pelos soldados que saem. É levado para diante do nobre; este segura o látego com ambas as mãos — é tão fraco que com uma mão não conseguiria nada — e castiga ao homem. Não chega a causar dor; deixa cair o látego, um pouco por esgotamento, um pouco por desagrado; o açoitado tem que recolhê-lo e devolver-lho. Apenas então lhe é permitido entrar na fila; além disso está quase certo de que não será engajado. Mas também pode acontecer, e isto é mais freqüente, que haja mais pessoas do que aquelas que figuram no registro. Existe, por exemplo, uma moça desconhecida que olha para o nobre; é de fora, talvez da província, o recrutamento a atraiu, há muitas mulheres que não podem resistir a um recrutamento distante; a do próprio lugar tem um sentido completamente diverso. E é curioso, não existe nada censurável em que uma mulher obedeça a esta tentação; pelo contrário, segundo a opinião de alguns é algo pelo que a mulher deve passar, uma dívida contraída com seu sexo. Sempre acontece do mesmo modo. A moça ou senhora inteira-se de que em alguma parte, talvez muito distante, em casa de parentes ou amigos, verifica-se um recrutamento; pede a seus familiares autorização para a viagem, concede-se-lhe, não se lha pode negar; ela veste suas melhores roupas, está mais alegre que de costume, completamente tranqüila e amável, seja qual for seu modo habitual, e apesar de sua calma e amabilidade mantém-se inabordável como uma desconhecida que empreende viagem para sua casa e não pensa já em outra coisa. A família em cujo seio se verificará o recrutamento não a recebe como a uma visita vulgar; mima-a, deve percorrer todas as dependências, aparecer em todas as janelas, e se alguém lhe põe a mão sobre a cabeça isso significa mais do que a bênção paterna. Quando a família se prepara para o recrutamento, designa-lhe o melhor lugar, próximo da porta, para que o nobre a veja melhor e para que ela também o veja melhor. Mas sòmente é honrada deste modo até que entre o nobre; a partir desse momento começa a murchar-se literalmente. Ele não a fita nem a ela nem aos outros, e embora dirija a vista para alguém, esse não se sente olhado. Ela não esperou tal coisa, ou melhor, esperou-a certamente, porque não pode ser de outro modo, mas tampouco a trouxe a esperança do contrário, apenas era algo que agora em todo caso concluiu com segurança. Em nenhuma outra ocasião nossas mulheres sentem vergonha comparável à que ela experimenta; apenas agora compreende a sua intrusão em um recrutamento estranho, e quando o soldado termina de ler a lista sem que apareça seu nome produz-se um instante de silêncio e ela foge temerosa e encolhida. Ao passar pela porta ainda recebe do soldado um soco nas costas.

Se é homem o que sobra, apesar de não ser da casa, não aspira senão que o incluam no recrutamento. Mas tampouco existem perspectivas nesse sentido; nunca houve recrutamento além do necessário e jamais acontecerá algo semelhante.

FRAGMENTO PARA O CAÇADOR GRACCHUS

— Como, caçador Gracchus! Viajas há séculos nesta velha lancha?
— Há mil e quinhentos anos.
— Sempre nesta barca. Creio que é a designação apropriada. Não és perito em matéria de navegação, não?
— Não; nunca me ocupei com isso, enquanto não soube de ti, enquanto não subi ao teu barco.
— Nada de desculpas. Eu também sou do interior. Não era navegante, não quis sê-lo; a montanha e o bosque foram meus amigos e agora sou o mais velho dos navegantes, caçador Gracchus, gênio tutelar dos marinheiros, ao qual reza o grumete retorcendo as mãos, encarapitado na gávea em noites de tempestade. Não te rias.
— Rir-me? Certamente que não. Com o coração agitado me detive diante da porta de teu camarote, com o coração agitado entrei. Tua aparência amável me tranqüiliza um pouco, mas nunca esquecerei de quem sou hóspede.
— Tens razão. Seja como for, sou caçador Gracchus. Não queres beber o meu vinho? Desconheço a marca, mas é grosso e doce; o capitão atende-me bem.
— Ainda não, por favor. Estou muito inquieto. Talvez mais tarde, se me tolerares até então. Além do mais, não me atrevo a beber de teu copo. Quem é o capitão?

— O dono da barca. Estes capitães são excelentes pessoas. Apenas não os compreendo. Não me refiro ao idioma, ainda que com freqüência tampouco entendo sua língua. Mas isso é secundário. Aprendi tantas línguas no curso dos séculos que poderia servir de intérprete entre os antigos e os modernos. Mas não entendo seus raciocínios. Talvez mos possas explicar.

— Não alimento muitas esperanças disso. Como ensinar-te algo, se a teu lado sou apenas uma criança de peito?

— Não; de uma vez por todas, não. Far-me-ias o bem de comportar-te de modo mais seguro, mais íntegro? Que faço com um hóspede que seja uma sombra? Sopro-o pela claraboia para a água. Preciso de diversas explicações. Tu, que rodas por aí, talvez mas possas dar. Mas se te pões a tremer grudado à mesa e esqueces o pouco que sabes, então, adeus! Como eu o sinto, digo!

— Há algo de verdade nisso. Com efeito, em algumas coisas te supero. Procurarei dominar-me. Pergunta.

— Melhor; muito melhor se exageras e te imaginas que és superior em alguma coisa. Deves compreender-me. Sou um homem como tu, mas mais velho e impaciente, e nisso levo sôbre ti séculos de vantagem. Bem; queríamos falar dos capitães. Atenção. E bebe para atilar o engenho. Sem mêdo, duro. Ainda há um grande carregamento.

— Gracchus, estupendo vinho. À saúde do capitão!

— Pena que morreu hoje. Bom homem, foi-se em paz. Filhos já crescidos, magníficos, rodeavam seu leito de morte; a mulher caiu desmaiada aos pés da cama. Mas seu último pensamento foi para mim. Bom homem, hamburguês.

— Por Deus! Hamburguês, e tu sabes aqui no Sul que morreu hoje?

— Como! Não havia de saber da morte de meu capitão? Que ingênuo és!

— Queres ofender-me?

— Não, em absoluto, faço-o sem querer. Mas devias assombrar-te menos e beber mais. Com os capitães acontece assim: originàriamente a barca não pertencia a ninguém.

— Gracchus: um favor. Explica-me primeiro, mas em forma coerente, tua situação. Confesso que o ignoro. Para ti são coisas arqui-sabidas e pressupões seu conhecimento em todo o mundo. Mas acontece que em uma breve vida humana (porque a vida é breve, e quisera que o compreendesses) fica-se ocupado em manter-se e manter à família. Por mais interessante que seja o caçador Gracchus (é convicção e não servilismo) não se tem tempo para pensar nêle, para informar-se a respeito dêle e menos ainda para preocupar-se por êle. Talvez no leito de morte, como teu hamburguês... não sei. Porventura nessa situação o homem laborioso tenha pela primeira vez tempo de espreguiçar-se e pelas suas divagações passe o caçador Gracchus com seu verdolengo uniforme. Do contrário como disse antes: nada sabia de ti, estou no porto para negócios, vi a barca, a plancha de desembarque estava estendida, atravessei... Mas agora quisera saber algo de ti.

— Ah! Essas velhas histórias! Todos os livros estão cheios delas; em todas as escolas os mestres o desenham no quadro-negro, a mãe sonha-o enquanto amamenta o filho, cocheicham-no os que se abraçam, os comerciantes referem-no a seus clientes, os soldados cantam-no durante a marcha, o sacerdote grita-o no sermão, os historiadores (com a bôca aberta) vêem em suas salas o acontecido há muito tempo e descrevem-no sem cessar; está impresso nos jornais e passa de mão em mão; o telégrafo foi inventado para que se desse volta à terra mais rapidamente, exuma-se nas cidades desaparecidas e o ascensor corre com ele ao teto do arranha-céu. Os passageiros anunciam-no das janelinhas dos trens nos países distantes que atravessam, mas antes ainda o gritam os selvagens; está escrito nas estrelas e os mares devolvem seu reflexo; as torrentes descem-no das montanhas e a neve torna a polvilhá-lo nos cumes e tu, homem, estás aí sentado e o perguntas. Que juventude seletamente dissipada terás tido!

— Provavelmente; isso é próprio de toda juventude. Creio que também a ti te faria bem uma volta pelo mundo, abrindo os olhos. Por estranho que te pareça, quase me assombro eu mesmo; não és mencionado nas palestras; fala-se de muitas coisas mas tu não estás entre elas; o mundo segue seu curso, fazes tua viagem, mas até agora, que eu saiba, não se cruzaram vossos caminhos.

— Essas são tuas observações; outros fizeram outras. Apenas existem duas possibilidades. Ou tu escondes deliberadamente o que sabes com algum propósito, em cujo caso te digo com franqueza que estás equivocado, ou acreditas realmente não lembrar-te de mim porque confundes minha história com outra em cujo caso apenas te digo que... Não, não posso; todo mundo o sabe, e justamente eu havia de te contar? Faz tanto tempo! Pergunta aos historiadores! Vai e volta mais tarde! Faz tanto tempo! Como havia de guardá-lo neste cérebro sobrecarregado!

— Um momento, Gracchus, ajudar-te-ei, farei perguntas. De onde és?
— Da Selva Negra; todo mundo sabe disso.
— Muito bem; da Selva Negra. E ali casaste no século quarto?
— Homem! Conheces a Selva Negra?
— Não.
— Realmente, não conheces nada. O menino do timoneiro sabe mais do que tu. Quem te terá feito vir? É uma fatalidade. Tua modéstia estava mais que justificada. És o vazio cheio de vinho. Nem mesmo conheces a Selva Negra. E eu nasci ali! Até os vinte e cinco anos cacei ali. Se não me tivesse tentado a gazela (bem, já o sabes) teria tido uma formosa e longa vida de caçador, mas a gazela me tentou, despenhei-me matando-me contra as rochas. Não perguntes mais. Aqui estou; morto, morto, morto. Ignoro por que estou aqui. Carregaram-me à barca mortuária como é devido, era um simples morto, fizeram os sabidos preparativos, como com outro qualquer, para que fazer exceções com o caçador Gracchus? — tudo estava em ordem. E eu deitado na barca.

A presente edição de A MURALHA DA CHINA de Franz Kafka é o volume número 5 da coleção Obras de Franz Kafka. Capa Cláudio Martins. Impresso na Líthera Maciel Ltda., Rua Simão Antônio, 1.070 - Contagem, para Editora Itatiaia, à Rua São Geraldo, 67 - Belo Horizonte. No catálogo geral leva o número 945/5B. ISBN:85-319-0341-6.